客家家训

U0942694

卢济鸿 陈大富 主编

海峡出版发行集团
THE STRAITS PUBLISHING & DISTRIBUTING GROUP
鹭江出版社

前　言

家训，是中国传统文化的重要组成部分。

习近平总书记强调："好家风应世代相传。"继承和弘扬中华传统优秀文化，培养和践行社会主义核心价值观，是摆在我们面前的一个历史性的重要任务。

中华民族自古以来就重视"家"。"国"和"家"紧密相连，治国由治家开始。家规家训是治家教子、修身处世的重要载体。运用家训教诫家人、子弟在我国已有三千多年的历史。在家庭教育的实施过程中，家训占有十分重要的地位。在国家不安定和国法不明确之际，家训更是发挥了稳定社会秩序的力量。家族为了维持必要的法制制度，就拟定一定的行为规范来约束家族中人，或在家谱中记录治家教子的名言警句，成为人们倾心企慕的治家良策，成为"修身""齐家"的典范。

家训之所以为世人所重视，因其主旨乃推崇忠孝节义、教导礼义廉耻。此外，提倡什么和禁止什么，也是族规家法中的重要内容。由于中国传统政治思想、伦理思想特别强调修身、齐家与治国、平天下的密切联系，以"整齐门内，提撕子孙"为目的的家训，历来受到人们的重视，并成为中华民族传统文化宝库中最具特色的部分。

家训，也是客家人不灭的心灯。

福建土楼之乡——永定，客家文化和自然生态在此交融生辉，世遗土楼与古风雅韵在此齐放异彩。客家人尊祖敬宗，崇文重教，始终秉持"宁卖祖宗田，不卖祖宗言"这一祖训，秉承中华文化"孝悌、忠信、礼义、廉耻"八德，把家规家训，以楹联或诗词等形式，记载在族谱上，题写在宗祠里，镌刻在土楼门厅间……一诗一联，一字一句，洋溢着浓浓的家国情怀，成为世世代代客家人追求真善美的心灵航灯，濡养出千年客家好家风。

此书按照全国姓氏排列顺序，从客家姓氏中精选出近 100 个姓氏的家规、家训，字字句句凝聚着客家先辈立身治家、为人处世的经验和智慧，已经远远超出了“整齐门内，提撕子孙”的家庭教育范畴，它对整个民系乃至整个民族大家庭共同心理的形成、民族凝聚力的增强都起到了不可估量的作用。

客家家训，是祖宗留下的珍贵遗产，是巨大的精神财富，应该好好传承。

目录

李氏家训

孝父母　父母是吾身之本，少而鞠育①，长而教训，其恩如天地。不孝父母是得罪天地，无所祷也②。凡我族人，切不可失养失敬，以乖天伦。

和兄弟　兄弟吾身之依，生则同胞，居则同巢，如手如足。不和兄弟，是伤残手足。伤残手足，难为人矣。凡我族人，切不可争产争财，以伤骨肉。

睦宗族　宗族吾身之亲，千支同本，万脉同源，始出一祖。不睦宗族，是不敬宗祖。不敬宗祖，则近于禽兽。凡我族人，切不可相残相欺，以伤元气③。

重祭祀　祭祀礼重报本，昭穆常明，所以动先祖之格也。苟不凛如在之诚，是渎先祖也。凡我族人，切不可怠忽，以渎先灵。

修坟墓　坟墓先祖所栖，尽其祭扫。修其坟墓，所以妥先灵者也。苟任其颓坏不修，必致他人之侵占。凡我族人，切不可吝费，以露祖骸。

务农业　农桑衣食之必资，上可以供养父母，下可以养妻子，所以奉生之本也。苟不勤劳耕种，必致荒芜田园。凡我族人，切不可偷安懒惰，以致终身饥寒。

重敬贤　敬贤乃吾族人之重望也。贤者为人之师，其学有所传，礼有所学。不重敬贤，是人之愚昧。人之愚昧，不得为人也。凡我族，务必尊长敬贤，以示文明。

慎婚配　婚配为人伦之始。结婚合配，当审其人品性格，究其清浊明白。苟婚配不择淑女，非特为终身之害，而且倾家声之不小。

禁洋烟　洋烟之流毒于中国也，深矣！大则亡身倾家，小则废时失事。苟不禁洋烟，不但前人被其所害，而后人亦遭其毒耳。凡我族人，切不可设烟馆，以害子弟。

禁非为　家风之坠，邪淫者十恶之首，赌博者倾家之源。凡我族人，

务宜告诫子弟，切不可放辟邪侈④，生平甘受玷辱。

——摘自火德公宗系《李氏族谱》

【注释】

①鞠育：抚养、养育。

②无所祷：祈祷什么神也没有用。

③元气：宗族得以生存发展的物质力量和精神力量。

④放辟邪侈：指肆意作恶。

王氏祖训五则

前代名贤，皆有家训，以垂后生。子孙恪守家法，世代遵循。如奉律令，凛不敢犯。不肖者，谨畏其法。今将古人修身齐家，嘉言善行，重诸经史，以训后人：

1. **孝敬父母**　盖孝顺者人人修身之本，父母者人之生身之本也。羊有跪乳之恩，鸦有反哺之义。鸟兽尚不能忘本，何况人乎？为父兄者，以礼让持身，以言教以身教，使子弟心悦诚服。为子弟者，当以孝义守身；父兄教训，理当服从。

2. **尊敬长上**　盖人有亲则必有长，知孝亲必敬长。未有不能悌弟，而可称为孝子。鸿雁有兄长之序，蜂蚁有君臣之义，何况人乎？

3. **和睦乡里**　乡里是吾祖吾父生长之地。长者是吾祖之父兄，少者是吾之子弟。同里同井，朝夕相见，情何等亲近，何等关切。人欲和睦乡里，必先和睦宗亲。昔唐时有张公艺者，他书忍百字，九代同居，隋唐皆御书表其门闾。凡我族子孙，秉性刚正者当学张公艺之忍，以制其暴怒之气。

4. **教训子孙**　一家之主，生我者父母，我生者子孙。欲孝敬父母，当教育子孙；不教育子孙，便是不孝敬父母。子孙贤，增父母光彩；子孙不肖，辱父母家门。凡我子孙，当以仁孝立基，以刻薄为戒；勿以离间疏亲，勿以新当旧看，勿以少居长，勿以贱防贵，勿以轻邪而远君子；宁过于恕，毋过于薄，宁过于厚，毋过于薄，宁计人之长，不计人之短。子子孙孙，代代切记。

5. **各安生活** 天生一人，总要寻找生路。智慧者利于读书，即以读书为生路；在家者利于耕种，即以耕种为生路；技术者利于工作，即以工作为生路；经商者利于经商，即以商贾为生路。凡人不安生路，则生能为死；而人能安心生路，则死能为生。舜耕历山①，尹耕莘野②，诸葛耕于南阳，都是苦其心志，劳其筋骨。凡为农、为工、为商、为贤、为愚者，皆以教育为本。

——摘自《太原堂·武平王氏族谱》

【注释】

①舜耕历山：舜为上古五帝之一，因家境清贫，故从事各种体力劳动，经历坎坷。他在历山耕耘种植，在雷泽打鱼，在黄河之滨制作陶器，在寿丘制作家用器物，还到负夏做过小本生意，生计艰难，颠沛流离，为养家糊口而到处奔波。

②尹耕莘野：伊尹，名挚，出生后被有莘国庖人收养。勤学上进，虽耕于有莘国之野，但却乐尧舜之道。后被商汤封官为尹，故以伊尹之名传世。是著名的政治家、思想家。被后人奉祀为“商元圣”。

张化孙家训

（宋·张化孙）

笃忠敬言：急公守法，完粮息讼。

营生业言：士农工商，各执一业。

慎丧祭言：慎终追远，宜尽诚敬。

慎婚姻言：娶媳嫁女，咸宜配择。

严内外言：治内治外，不可易位。

敦孝悌言：事事亲敬，敦宗睦族。

笃教学言：养不废教，作养人才。

厚风俗言：吉凶庆恤，孤寡有体。
敦和睦言：捍忠御灾，协力同心。
严杂禁言：奸盗赌博，占欺谋吞。

——摘自《永定清河张氏新修合谱》

彭城刘氏祖训

1. **睦宗族** 宗族为万年所同，虽支分派别，实源同一脉，不可视为秦越①。兹我宗族，宜敦一本之谊，宜笃亲亲之道。

2. **和乡邻** 乡邻同井而居，出入相友，守望相助，不可相残相斗，宜视异姓如骨肉之亲。

3. **明礼让** 礼让为持己处世之道，非徒拜跪作揖之礼，必使亢戾不萌②，骄泰不作③，庶成谦谦逊顺之风。

4. **务本业** 士农工商各有其业。古人有云：业精于勤荒于嬉。凡正业者，宜自食其力，切戒盘游无度④。

5. **端士品** 士为名之首，为官者要明礼义，隆其名贵有其实。若荡检逾闲⑤，不求上进，后悔莫及。

6. **隆师道** 师道为教化之源，尊师重道，正以崇其教也。宜尊之崇之。

7. **修坟墓** 坟墓所藏先人之魂骸，每年宜诣坟祭扫，剪其荆榛，去其泥秽，以妥祖灵。

8. **守法纪** 要遵守法律法规，重专业与精业，创造财富，不妄为。

——摘自《彭城刘氏族谱》

【注释】

①秦越：春秋时两个国家，一南一北相距很远，不大往来。后比喻两方疏远。

②亢戾不萌：高傲乖张的性格就不会萌发。

③骄泰不作：指不做出骄恣放纵的举止。

④盘游无度：指耽于游乐、没有限度。

⑤荡检逾闲：指行为放荡，不守礼法。

高陵上洋陈氏家训

遵乡约 王士晋云：孝顺父母，尊敬长上，和睦乡里，教训子孙，各安生理，毋作非为。这六句，包尽做人的道理。凡为忠臣，为孝子，为顺孙，为盛世良民，皆由此出。无论圣愚，皆晓此文意，只是不肯遵行，故自陷于过恶。祖宗在上，岂忍使子孙辈如此？吾族宗祠内，每岁春初宣讲圣谕及各种善书，行之久而未收效者，以偶听易忘犹未实现乡约故耳。嗣后宜依《吕氏乡约》，德业相劝，过失相规，礼俗相交，患难相恤。择有齿德者一人总其事，有学行者数人副之，置籍稽查。其成美俗，是不能无望于族中之贤哲矣。

惩不孝 孩提知爱，本自性天。苟背本忘亲，则人也禽兽矣。孔子曰：五刑之属三千，其罪莫大于不孝。查《大清律》，凡子孙骂祖父母、父母及妻妾骂夫之祖父母、父母者，并绞；凡子孙殴祖父母、父母及妻妾殴夫之祖父母、父母者，皆斩；致死者，凌迟处死；凡子孙不孝祖父母、父母，如审有触忤干犯情节，以致愤激轻生、窘迫自尽者，即拟斩决。律法之严如此。嗣后族中家长，宜为子弟讲明此律，使知畏法。至兄弟不和，亲心滋戚[①]，未有不友而能孝者。故有不孝之刑，亦有不悌之刑。守法爱身，宜先于本行加之意也。

端蒙养 古人谓：至乐莫如读书，至要莫如教子。有子不教，贻误实深。任其嬉游，终成败类，则悔之已无及矣。近世教法不修，其上者教之习举业取科名，次则教之以《杂字本》《千字文》《尺牍便览》《幼学须知》等书，取便应酬之计。其于做人之道，概不讲求，固有读书数年叩以孝悌廉耻，茫然不知所谓者。不知小学之教，以明伦敬身为先。近时同善社所刻《训蒙善俗规约》，府宪、学宪屡饬[③]遵行，宜将《养正质言》《童蒙诗

歌》等书，教之讲解。使一生行事，俱奉此为准绳。盖自幼先正其大端，异日读书有成，固可为乡里正士、国家良臣，即改习农工商贾之业，亦识道理做好人，不至流于邪僻矣。

完正供　维正之供，古人所同。拖欠钱粮，便是不良百姓。国家德化涵濡，所以爱养斯民者无所不至。吾辈食毛践土④，具有天良，而可任意抗欠乎？尝见有无意完粮，妄希蠲赦⑤，徒差滋扰，用费较多。迨蠲赦无期，被枷带锁，祸及身家，仍要将银完官，此是何等计算？族中父老每岁收成时，即宜敦诫子弟扫数纳清，务使一姓完粮先于他姓，催科不上门，永享无事之福。则在家为肖子，在国为良民矣。

息争讼　讼者危事，无理能败，有理亦能败。仇人之教唆，光棍之把持，讼师之刁难，差人之需索，贪官之鱼肉，清官之误断，俱不免焉。平民身到公庭，切于求助，则必卑躬折节，下气柔声，受衙役之凌辱呵斥而不敢计。若以此等面目施之于宗族乡党，既获谦让之美名，且免后来之灾祸。孰得孰失，虽至愚能辨之矣。且损德构怨害及子孙，两败俱伤。负者自觉无颜，胜者人皆侧目。张梦复云：世俗好争不过日，渐不可长，日后将更甚，是大不然。人孰无天理良心，是非公道揆之天道，有满损虚益之义。自古只闻忍与让足以消无穷之悔，未闻忍与让反以酿后来之患也。欲行忍让之道，当先从小事做起，大抵能受小气则不致受大气，能吃小亏则不至吃大亏。此名言之可佩者也。嗣后族中有争衅，族长房长必须极力劝释，使不成讼。盖排难解纷，为行门中第一义。昔人谓暗地教唆最为阴恶，平情息讼莫大阴功，此言当深念也。

厚宗族　陶渊明云：同源分流，人世易疏，慨然寤叹⑥，念兹厥初⑦。吾族聚居三百年矣，派衍虽多，然其初兄弟也。兄弟其初一人之身也，以一人之身而至视若途人，可乎？况近在九族，尤宜敦骨肉之爱，如因小利而相争，因小愤而启衅，相轧相倾，相角相怨，此不肖之行。祖宗亦深恶之，未有不衰败者。夫宗族之间，但当论情，不当执理。执理便伤情，伤情便非理。惟当虚心自察，责己而不责人，则大事可化为小事，小事可化为无事矣。至有余之家，随时随地皆可济人，况在本宗？尤宜敬老怜贫，矜孤恤寡。凡恤产恤丧诸事，俱当勉力为之，而忍漠然相视乎？即家非素封⑧，而岁时伏腊，自致殷勤，酒饭寻常，亦可见意。虽桀骜不驯者，皆可以恩意结之，和气化之，又安有不睦之宗族也？

务积德 范文正公云：积金以贻子孙，未必能守；积书以贻子孙，未必能读；惟积阴德于冥冥之中，可为子孙永远之计。但积德不论贫富，如悔人善成人美，解人厄息人争，广劝化襄[⑨]，义举随时可积，原不俟夫有余也。至富则以能施为德，天畀[⑩]我以富，托以众贫者。苟专利自私，一毛不拔，则天厌之，人恶之矣。王朗川云：治家最忌者奢，人皆知之；最忌者鄙啬，人多不知也。鄙吝之极，必生奢男。尝见悭吝之家，有身在而子孙私鬻[⑪]其产者，有身没而即荡尽无余者。夫锱铢累积，第以供子孙之浪费，犹仅为子孙作牛马也。若恃富作恶，则多财适以害之，反为子孙作蛇蝎矣。亦有子孙非大不肖，而忽有横祸以破其家者。盖天道恶盈，知积而不知散，则府怨招尤，势必至此，何如利济为心，多行阴骘[⑫]事，使子孙阴受其福之为愈也。吕新吾云：贪财之人，至死不止，不义得来，付与败子。又云：多积阴德，少积钱财；儿孙若好，财去还来。人宜知所务矣。

勤职业 士农工商，各有专业，然后仰事俯畜。有资子弟十三四岁时，贤愚已定，其不能向上者，皆当各习一艺，如任其游惰，迨至资身无策，势必分外非为，寡廉鲜耻，作奸犯科，无所不至。王士晋云：职业之勤，非徒尽力，实要尽道。为士者，当先德行后文艺，勿因读书识字，舞弄文法，颠倒是非，尤不得习学词状，出入公门。士宦不得以贿败官，贻羞祖宗。农不得窃田水，纵牲畜作践，欺赖田租。工不得作淫巧，售敝伪器物。商不得纨绔冶游，酒色浪费。尤不得越四民之外为僧道、为胥隶[⑬]、为优戏[⑭]、为椎埋屠宰。若赌博一事，近来相习成风，凡倾家荡产招祸速衅，无不由此至。洋烟之毒，为害更深，俱当设法严禁。庶一族之内无游惰之民，而能各修其职、各务其业矣。

尚节俭 老氏以俭为宝。俭以惜费，可无窘迫之虞；俭以惜福，可无满损之虑。然惜费事小，惜福事大。盖人生福分，自有限制。少年享用过丰，易夭天年。富家自逞豪华，亦难耐久。此理之必然者。或疑俭易废礼。然以"四礼"言之：冠有三加，初用小帽深衣，次用帽顶外套，三用金花彩红，而延宾不用币，归俎不用牲，但以肴品酒果成礼，谁曰不宜；婚则初不厚贿媳，续不虚装体面，一切往来但求合夫礼意，不必竞尚浮文；丧则专以衣襟棺椁为重，不得务为美观，兼置酒肉待客；祭则积诚斋

戒，洁我牲牷，不得演戏酬神，赛会祈福。似此既不伤财亦不废礼，此策之上者也。至富厚有余之家，苟非违礼犯分，似不妨任意铺张。然省此无益之费，以供济人利物之用，尤足以庇荫子孙。昔人谓，富家用财当俭以特供，惠以泽物。欲惠之广被，则必留有余不尽之财以为之，又安得不以俭为先务也？

——摘自《永定高陂上洋颍川陈氏族谱》

【注释】

①亲心滋戚：指父母的心多么悲伤。

②女红：指女子的针线活方面的工作。

③饬［chì］：古同“敕”。告诫，命令。

④食毛践土：原意是吃的食物和居住的土地都是国君所有。

⑤蠲赦［juān shè］：赦免。

⑥慨然寤叹：感悟此理深而慨叹。

⑦念兹厥初：因念彼此同初祖。

⑧素封：指无官爵封邑而富比封君的人。

⑨襄［xiāng］：说明，辅佐。

⑩畀［bì］：给予。

⑪私鬻［sī yù］：秘密贩卖。

⑫阴骘［yīn zhì］：指只是自己知道、不令他人知道的功德事。

⑬胥隶：封建官府中的小吏和差役。

⑭优戏：古代指乐舞或以戏谑为主的杂戏。泛指演戏。

杨氏祖规

不准虐待父母，背离伦理；不准忤逆无道，行为不孝；

不准歧视兄弟，姊妹妯娌；不准在族淫乱，行为禽兽；

不准虐待子女，重男轻女；不准夫妇相欺，损害家庭；

不准包办婚姻，骗取钱财；不准血表结亲，影响后裔；
不准奢侈淫逸，败坏风俗；不准纵子非为，罪及父母；
不准好逸恶劳，拨弄是非；不准铺张浪费，腐化为之；
不准偷盗赌博，触犯法律；不准骄横无惮，欺族凌戚。
不准叼唆进馋，制造事端；不准窝藏坏人，陷害好人；
不准酗酒滋事，扰乱秩序；不准趋炎附势，行为越轨；
不准损害公益，肥私利己；不准打击报复，倒直真理。
如有故意违犯，讼之公里；家规国法昭彰，族众谨遵。
今立明训家规，告诫族人：汝等遵依执行，乐极平生；
如若置之度外，纵性非为；轻者必当损财，重者丧身。
此乃合族拟订，示尔谆谆；族众谨遵勿忘，福荫子孙。

——摘自《福建永定杨氏族谱》

赵氏家训十条

家训者，所以挈①一族之人而尽归良善也。古圣贤垂教立言，班班典籍。即我朝圣祖仁皇帝御制《广训十六条》，凡所以准人情而后风俗者，至明且切矣。人苟能以心体力行，范围不过，则在宗族为循良子弟，即在乡党为端品正人。无如世风不吉，习俗移人，名节稍乖，即身再扰贻口实，可不慎欤。语云：子弟之率不谨，由父兄之教未先。倘不训而罚，不几②与不教而杀者等耶！兹于族谱既成，特编家训数则，另镌谱首。词不必精深，惟切于日用身家以及关乎伦常风化者，俾人人易知而易行。凡我族人，各宜致意安常③，力业操勤，谨于当躬，正己修身，树仪型于后裔，焘子弟之景行，维贤于焉，光辉族党矣。

1. **敦孝悌** 孝悌者，百行之原也。孩提知爱本诸良能，稍长知敬原于善，何以狃④于习俗、顿失初心？为子弟者不知孝，当体父母生我之恩情；不知悌，当思长上待我之友爱。诚能服劳竭力，奉养无违，隅坐徐行，恭让而不懈，则一门之内和顺雍容，孝悌敦而人伦斯重矣。

2. **睦宗族** 自古乡田同井，出入相友，守望相助，疾病相扶。异姓尚敦亲睦，矧同族之人而漠不之顾耶？务使视如一体，痌痒相关。庆吊必互相往来，缓急必互为通义，鳏寡孤独必为之哀矜，困苦颠连必为之照顾。能与祖宗济一日子孙，即能与祖宗免一日忧虑。若乃各顾身家，视同宗如秦越⑤，甚则每因小事，辄起纷争，则怨积日深，其不视如仇敌者几希矣⑥。《书》曰：以亲九族。尚其念之。

3. **力本业** 士农工商均有常业，所贵恒心自励而各勤乃业耳。盖人有一定之胜境，不拘所肆何业⑦，即随在可自致，立收其效。若乃既居于此，又慕乎彼，则此心一纵，遂不免怠忽其业矣。无何身入他歧，依然故我。业精于勤，荒于嬉。事虽勤于始，尤贵励乎终。皇天不负苦心人，尚须自勉之。

4. **慎交游** 交接之际，不可不慎。正人入室所讲者好话，所行者画龙点睛事，则子弟之所见所闻，即不得引入邪僻。不然，习俗移人贤者不免，况子弟之庸愚者众乎？语云：学好千日不足，学歹一时有余。丽泽求益，尚慎旃哉⑧。

5. **和兄弟** 兄弟之间，原称手足。言人之有兄弟，即一身之有手与足，断不得隔膜相视者也。今之人见识浅狭，或因兄弟弱于我，或因食口多于我，加以妇言唆拨，遂日思析箸而各烟。甚至每因小事，入室操戈，同气参商⑨。外人因而构害，拆篱放犬之弊可胜道哉！昔有张公艺九代同居，江州陈氏七百口共食，均是人也，何弗思之？

6. **训子弟** 易曰：蒙以养正，圣功也。凡子弟无论智愚贤否，均当以读书为上。即或赋质不齐，亦须为之谋成，立慎择术以为久远计。断不可溺于姑息，听其放浪形骸。盖人唯年幼，每令人怜，偶有过失，恒以无知恕之。不知中人之性，成败无常，若不预加防微，则骄奢淫逸，鲜有不为俗所染者。其至寡廉没耻，无所不为，不大贻祖父羞哉？须知水随器为方圆，影视形为曲直。有父兄之责者，可不慎与？又教子读书，须趁光阴，不可太迟。世人常谓，太幼则无知，俟其稍长读一年算一年。不知既长，则外旷多端，虽读而终难刻骨。无怪乎三四年庸师之教，念一转而尽归乌有矣。惟其幼则嗜俗未萌，心无旁骛，际引一片之灵机，加以严师之提命，启其颖悟，收其放心，则成童之年，自可判其优劣之性。曾思十二岁之庠，人岂一二年工课哉？顽子切勿诿以家道艰难，遂渐往荒误子弟而不教也。凡我族人，共体此意。

7. **尚勤俭** 勤俭乃居家之本。勤者财之来，俭者财之蓄。常见好闲之辈，似乎惰气天成，稍盈余即喜丰而好胜，不思一时侈欲转囊空，悔何及哉。故不勤不得以成家，即不俭亦不可以守家也。冠婚丧祭称家有无，衣食人情随分自适。与其奢惰而终嗟不足，何若勤俭而常欣有余，为祖宗惜往日之勤劳，为子孙计将来之生业。语云：一勤天下无难事。又曰：有钱不可使尽。愿后人其敬听之。

8. **戒争讼** 居家戒争讼。凡是非之来，退一步让三分，自然少事。盖以汝既有包容之度，彼必生愧悔之心。若乃因微遈忿，忘身及亲不顾，倾家尽产与人斗讼，则是鹬蚌相持，渔翁获利。纵令侥幸得胜，而家资受累矣。于是，所用不足，势必称贷；宿债莫偿，势必鬻产。此讼之所以终凶也。圣语云：小不忍则乱大谋。其试思之。

9. **遵法律** 朝廷定律例，以惩愚顽。凡酗酒赌钱，奸淫强盗，及一切不法之事，示谕煌煌，极为严肃。倘自蹈非僻，不畏三尺之条，一经发觉，身陷囹圄。爰书不宥[10]，乡论不齿，上辱父母，下累妻孥，终何益哉？纵不明法律之严，亦当知身命为重，与其追悔于事后，何若远虑于事前。

10. **禁非为** 人生斯世须趋正道，始为正人。乃有一等丑类，外逞豪强，心怀狡诈，每每恃能挟制，藉径刁唆，坏名分而不辞，犯王章而不顾。此等败行，大辱宗亲。凡我族人，均宜惕戒。毋游手好闲，而失本业；毋博弈饮酒，以废居诸[11]；毋身陷不法，以身罹于刑章；毋肆态胡行，而见憎于乡党。修其身，安其分，勤其业，不居然秩秩之佳子弟哉？

家训十则，言疏而意切，词短而情深，所愿与我族人常以履薄临深而共相规诫者也。大齐家之道，端在修身，而招尤之机，悉缘放僻。与其临时而始悔前非，何弗怀刑而预为警惕？则诲尔谆谆者，不得听之藐藐也。若乃视家训为具文，以自行为天性，诚恐习焉不察，自以为是，而背议者纷纷矣。其亦知家人犯法，罪归家长之说乎？贤人正士为乡党模范者，族与知家人犯法，罪归家长之说乎？贤人正士为乡党模范者，族与增荣；匪

僻凶残为乡党憎恶者，族亦抱辱。爰于既训之后，复申规诫之词，小则传房族以责惨，大则出公庭而惩凶究。凡我族人，各宜惕励。

——摘自《赵氏家谱》

【注释】

①挈［qiè］：引领。

②不几：不盘查。

③安常：安守常规。

④狃［niǔ］：因袭，拘泥。

⑤秦越：春秋时秦在西北，越居东南，相距极远。喻疏远隔膜，互不相关。

⑥几希：不多，一丁点。

⑦肆：尽力。

⑧丽泽：比喻朋友互相切磋；尚慎旃哉：旃［zhān］，文言助词，相当于“之焉”。意思是还要谨慎小心啊。

⑨参商：参星与商星，二者在星空中此出彼没，彼出此没。比喻彼此对立，不和睦。

⑩宥［yòu］：宽容，饶恕，原谅。

⑪居诸：光阴。

黄愧莪①家训

（清·黄日焕）

敬祖先　祖先人之根本也。如木之先有根本，而后有枝叶。人而忘其祖先，而不加敬礼，是犹木之根本既枯，而期枝叶之茂也。人之于祖先虽世代隔远，而原本一气，感应甚速，如木之枝叶根本，虽相隔甚远，而荣枯生死，无息而不相关。夫祖先之敬，非有所甚烦费于我也。朔望必谒，出入必告，香灯不缺，时食必荐，祭祀必诚，坟墓必修，烝尝不替，宗党必睦。每为一事，必思不贻祖宗之羞；积德累功，光显门户，以为祖宗之荣；成立家计，以光大祖先之业；整饬家规，以承守祖先之法。念念以祖先为心，则祖先在天之灵，亦必降格荫佑于我矣。余幼见先太孺人，每遇祭日，必先洁衣服，以供祀事。日用鸡鸭鱼肉及亲戚馈遗，必熟而荐之，而后以奉宾客及自享焉。时食瓜果亦如之，习以为常，百不失一。此虽小节，然推其心，殆无刻不以祖先为念，所谓事死如事生者。故今食其报，而获鸿赠之荣，诚非偶然。至今数十年，避乱移居，此礼遂废，而忘其家法，后之人不当顾念而兴起乎！

孝父母 父母生身之本也。既生我身，则我孝养父母，犹手足之奉其心志也。手足不奉其心志，而可以为人乎？孝养父母乃人之本分，不可言功。况不孝养其父母，其罪安可逃乎？古云："孝为百行之源。"又云："五刑之属三千，罪莫大于不孝。"况我生子，谁不欲其孝养于我？我不孝养其父母，则彼必习而效之，亦将不孝于我；我能孝养，则彼亦习而效之，又谁敢不孝养者？是我孝养，而获孝养之报；我不孝养，而获不孝养之报。吁，可畏也！生事葬祭，孝之大端。竭力承欢，贫富无异。其富贵者无论已即至贫苦，苟能立志尽诚，饮食无缺，衣服必时，教戒必从，语言无逆；朝夕勤渠以营日用，非礼不蹈以敦行谊。则菽水可以承欢，无事可以怡志，父母即以为孝子矣。我有过而父母督责，当怡然改悔，不可强辩怙终，以触其怒。父母有过亦当委曲讽谏，以俟其悟，不可忿激戆直，以彰其失。父母有疾恭敬侍养，时刻不离。延医调治，必世代名医方可请托，不楞委以庸医以误亲命，虽至危笃亦必医治，至于不可挽回而后已，不可因循苟且安于自然，以贻后悔。父母既殁，心诚必信，谨其衣襟棺椁之事；尽哀尽礼，致其哭奠衰麻之节；必择吉地竭力营葬，不可以贫困自委。董永卖身，子路负米，夫非尽人子之责欤？予兄弟六人，先祖在日轮日供膳。每不当膳日有食之美者，必先以奉于祖；当膳酒肉必具，不以有无而杀。及寝疾两月，群子俱席地守候，无敢刻离。及殁，而登山涉水，寒暑不避，以求葬所，六年而后获。其奉祖妣丁孺人，亦无注懈。此予所见者。予不幸，二人早即世，不获躬承颜笑，左右就养。而谢太孺人在堂，承事不敢或异，此又人所共见。后之人可不念之乎？

睦宗族 古云："兄弟如手足。"盖言其一体也。至于宗族，以祖推之，皆同气也。同气非手足乎？兄弟宗族自相残害，犹手之自伤其足，足

之自伤其手，手足自伤其肌体也。曾有手足自伤其肌体而不疼痛哀号者乎？宗族不睦，则外人窥伺，欺侮必至。乃有不肖之徒，小有争竞，反倚傍外人，朋比为奸，以快其一日之忿，至于唇亡齿寒，独行踽踽[②]，甘受他人凌虐而不悔。至有同室操戈，骨肉相残，是又禽兽之不若矣！盖其初由于视利太重，算及锱铢[③]，执理太坚，分毫无恕，以至因利而失义，徇理而伤情，至亲视若路人，同气不啻[④]仇敌。使其祖若父见之，有不伤者哉？故凡处宗族与他人不同。财利之间当随其富贵而有无相济，不可计利害义；事体之际当忘其曲直而大小相恤，不可以义胜恩。自此怨尤消释、嫌隙不生，不惟外人不敢欺侮而和气致祥，必为祖宗之所默佑矣。古来未有宗族辑睦而不昌者，亦未有同气相伤而不覆败者。九世同居，百犬共牢，虽不能人人皆然，苟体此意而行之，虽百代犹一父之子也。而同胞共乳又不待言矣。予祖父兄弟四人，出无轩轾[⑤]；予父同堂兄弟十六人，虽有腴瘠之不同而有无相济，人莫测识。至今小功兄弟五十人，亦未有以家事求直外人者，其谊可谓笃矣。后之人可不绳祖武乎？

敦礼让 礼让者，不可斯须去身者也。凡人一身所接，内而父子兄弟，外而亲戚朋友，以至日用酬酢，何者可以无礼而非让何以成其为礼？故凡言行举动、辞受取与，无不以谦让退逊处之，则虽遇至强悍暴戾之人，亦自悔其无礼而致爱敬于我矣。所谓敬人而人敬，自卑而益厚也。予友林必恭，尝为予言：曾自过山岭，遇强徒二人先坐于岭顶。彼不知为何人，与之拱手施礼。强徒心折，徐曰：“相公好人，当速过去!”遂不加害。此非礼强暴之明验乎？且人即有所忿于我，我但以谦承之，彼自愤怒消释，化有事为无事矣。若稍一不逊，则彼此纷争，各欲自逞而不相下，后且至于不可收拾之处。若其大节大义之所在，虽确乎其不可拔，亦从容以俟，久而论定，其气自夺，亦不必狠狠求胜于一时也。古云：“终身让路，不枉一步；终身让畔，不失一段。”非虚语也。亲戚宗族朋友及异居之兄弟叔侄，往来问候，虽日常相见，亦必衣冠整齐，拜揖恭敬，不可简慢亵渎。人有远回，必先拜望。我远回而人拜望，必随答其拜，不可疏忽。人有死丧，虽一面之识，亦必吊问。凡迎送宾客，必当恭敬揖让，宁迂毋忽。宴会之际，必当恂谨自持，献酬尽礼，始终如一，尽欢而罢。不可沉湎败度，失礼肆言。席中有使气放言，我但以谦承之，置若罔闻，不可因而争论是非，致生嫌隙，切宜谨戒。凡人家礼节不愆，必为里邻敬仰，世相循习，方称礼仪之家。近世子弟多以脱略名高，习成骄傲，放肆无忌，以致亲朋怨怒，招尤取祸，皆由于此。古云："不矜细行，终累大德。"此之谓也。

守本分　《中庸》曰："君子素其位而行，不愿乎其外。"此本分之谓也。生民之业尽于士农工商，皆各有其本分之所当为。尽力于所当为，则事必有成。若舍其本分而驰心于分外，则必行险侥幸，而本分之业必至废弛。如不织而望衣，不耕而望粟，势不可致，必忍心害理，以强取其所不当。稍有所利，遂矜为得计而恣意横行，以至罪大恶极，天理王法交加而不可逃，贻羞祖宗，遗祸后世，可胜言哉！夫天之生人，各予以本分福禄。若本分之业不勤，如有田不耕，必无得粟之理。苟取一分于本分之外，必减去二分于本分之内。如人偷盗诈吓得财，不惟追赃，又且问罪，何以异是？凡我宗族子孙，当悟此理。不拘士农工商，但各守一业而为之不懈，自所业有成，富贵立致。若夫成败利钝，则当安之于命，切不可弃废本业而贪淫奸盗，生事害人，起倒是非，以伤天理而辱家门也。

杜异教　吾儒之道，不外君臣、父子、夫妇、昆弟、朋友之间。大中至正，圣圣相承。但忠孝、廉节、仁义、礼智，尽人道以俟天命而已。自圣教衰息，道学不明，皆恣睢以致天罚。无所可避，遂徇于邪说，侥幸苟免。病而不医，但请僧建醮设斋以为祈祷；死而不葬，但请诵经拜忏、礼佛崇真以求超度。竞相煽惑，习以成风。人人如此，世世皆然，无所底止。夫释道未兴以前，人皆习于忠孝礼义，而国祚千年，人寿百岁，物无夭札，时和年丰。后世圣道不行，谄佛奉道，布施斋醮，以希福利，乃至祸乱相寻，战争不息，夭厉时兴，年寿日蹙，何也？盖人之祸福，乃自为善恶所致。若身自为善，天必佑之，何待侥求于佛？若身为不善，祸必不免，使求佛可以解脱，则为恶之人，将倚佛为护身之符，肆行无忌，永无祸患矣。且谓人死之后已堕地狱，必延僧托佛，启建水陆道场，动倾家资之半，谓可度脱轮回，超生人世，不如是则永堕酆都，无再世之日。若然，则佛教未至以前，人之死者皆入地狱而不得生，将世上亦不生人，而人种类亦绝矣。不知人之既死，气散为魂，实时游变托生于人，为善者必生于福庆之家，为恶者必生于殃败之家。气类相感，如水火之流湿就燥，理之必然，

不可移易。若谓生前为恶，死堕地狱而可托佛以求生，是以恶人视其父母，其与谤毁父母何异？先儒有云："若果有天堂当为君子登，若果有地狱当为小人入。"至哉斯言，诚足破惑。岂有宜登天堂，不求于佛而反堕地狱；宜入地狱，一求于佛而反登天堂之理哉？夫释之与道，如人物草木并生于天地之间，并育而不相害。既有其教，自有其徒。凡鳏寡孤独穷民无告者，托身其间，可以衣食有资；守于其教，循分自修，或能转祸为福。其初之教，不过以轮回果报引人，以为行善去恶之机，且期忏罪悔过，启人以改恶迁善之路。而流传既久，沿习失真，遂专以果报之说引而伸之，缘设机巧，惑世诬民，诈取财利而美衣玉食、安居广厦，其罪又有甚于奸盗诈伪恐吓取财者矣。仙佛有知，其忍至是哉？凡我子孙，既业圣教，但当秉仁义礼智之心，尽忠孝廉节之事，善在必为，恶在必去，自然福至祸消，死安生顺。有疾则延医理治，不可祈神祝祷佛，以惑于淫巫。祀典所载之神，如祖先、社稷，分所当祭者，祭之必尽诚敬。父母既死，则依文公家礼，致其哭奠祥禫之节，谨其棺椁葬祭之事，不可徇于时俗诵经礼忏，妄费资财，作无益以诬亲于不道，自陷于不孝也。至于僧道之流，但当随其有无量力施济，以尽其赈贫周乏之义，切不可溺于其说，惑于其教。如背自己君亲，而拜他人为父母为君上，其得罪名教、玷辱家门也甚矣！

急官饷　天生民而立之君，虽玉食万方不过一口，玉帛万国不过一身。而日总万机，设官分职，文以至治，武以戡乱。盗贼必为之驱除，冤抑必为之伸理，大小相维，力致康阜，而斯民得悠优安享。所征钱粮，皆以急官俸军需。若逋负⑥不完，则俸饷不支，司农抑屋，军士脱巾。官受参罚，必严加追比。公差临门，鸡犬不宁，妇子惶怖。绅衿之家申究褫革⑦，民庶之家监责受刑，始典田质屋以偿，究竟不免，而名实俱丧矣。原其初亦非故意逋负，当催呼尚缓，不及计料，恣意浪用。及事势急迫，花费无存，遂逐时挨延，希望恩赦。或官府偶尔徇情，遂安而成习，愈积愈多而不可胜穷矣。凡我族中子孙有田粮者，当岁入之初，预计应纳官粮若干，先为扣存。及开征之日即早上完，则官称良民，里推善士，门无公差，妇安子嘻，安意经营，何乐如之？若夫冠婚丧祭宾朋宴会，虽不可缺，但称家有无，不可因而坐用官粮。与其得罪于官府，不免罚刑，宁可失礼于亲朋，情理可恕。孰重孰轻，早辨而早决之，毋贻悔于噬脐⑧也。

世学业 诗书者，富贵之先资也。古来名族，类皆科甲蝉联，名德踵继。苟非诗书，何由至此？有志之士，挺然崛起为天下雄，何况前人开之，后人不能继之，其可耻孰甚焉！且如富厚之子，而不令就学，悠闲无事，必耽酒恋色，因而伤身殒命，或为匪人诱为不法，惹祸招尤。若延师课督，日有常业，佚志自消，且义理既明，趋向能辨，自不为匪人所煽惑。是读书不独为荣身起家之大业，亦为守身保家之良方。凡我族内子孙，家资盈余，生子必令就学，勉之若志。倘积累功深，立取科第不为难事。人人如是，则袍笏满床，珂声盈里。即下而备员黉序，循资乡贡，亦可不隳家声，比之坐拥厚资，之无莫辨，而非人眈视，阴肆愚弄，立见消索者，不大径庭乎？其家资清苦，有俊异子弟，更宜勉强苦学。若能有成，富贵立至，切不可以贫苦而自限也。但富厚之子为善有资，进而上达固易，退而自限者常多。贫苦之子自全无策，退而无所恃，则不得不奋发以求上进。故从来发达之士，出于富厚者十之二三，出于贫苦者十之七八。予先人攻苦无成，此志不隳，故虽家贫无资，手自训课，以有今日。尔后人岂可不以为效法哉？凡我子孙，尤当思科第之声不可无继，当立志攻苦。其贫苦者不可不黾勉以上进，富厚者尤不可退而自限，庶绵绵相继，世世不替，以绍我之志，述我之事，岂不美哉！

严官守 吾人本一介布衣，朝廷命学使者抡其秀而育之庠序，三岁一大比，于数千人之中而拔其数十人，荣以显名，宠以车服，量才而授之职。非谓矜其贫困而富贵之，盖以其经明行修，必有保民致治之能、忠君爱国之诚也。故凡人苟获一官一职，不论大小内外，俱当体朝廷用我之心，而思所以尽报效朝廷之事，随职效能，因位尽道。有官守者，政教必修，兴除必力，不可贪残冒昧以拂民情；有言责者，启沃惟勤，举劾必确，不朋比徇私以锢君志。职分之所当为，竭志尽诚，为无不力；官箴之所宜守，操持贞固，守无不坚。矢公矢慎[9]，不惑不欺。则诚孚于君，恩敷于众，勋猷弘伟，荣宠洊加，光耀祖先，贻庥子孙，显名厚实，相因而至，朝廷得人之效亦以大彰。若其贪黩不检，苛刻寡恩，枉上行私，尸位冒禄，君怒民怨而褫逐随之，斯诚羞朝廷而辱当世之士者矣。当其读书应诏，言忠则过于皋夔，言爱则比于姚姒，言致治则汉唐不足法，言保民则召杜不屑为，及一膺仕版，则身家念重，君国念轻，势利心浓，道义心

绌，凡所以剥民、欺君、误国，无所不至。一旦水落石出，刑宪莫逃，求为寻常无为之人而不可得，欲荣身反而辱身，欲肥家反而破家。抑何所言之是，所行之非，始以英贤自处而卒陷于回慝[10]。非其见之不明，毋亦利令智昏，期侥幸于万一也。凡子孙既业诗书，必思翱翔之路，倘列仕籍，不可不慎其官守，但令壮之所行，一如幼之所学。圣贤经济俱在典籍，若能身体力行，即是良臣廉吏。为国之贤臣，即为家之孝子也。予叨祖荫忝与科名，获任石南，顽疲无比，吏斯土者，不能期月。予矢志清贞，勉职勤慎，卒之事治民安，顽梗向化。不幸以内艰去任，士民泣送，尸而祝之者二所，未必非身体力行忠信笃谨之实效。尔曹有志功名，敢不书绅？

禁衙役 人之处世，上而仕宦缙绅，固不可多及；次而农工商贾，皆可取资谋生，亦不失为良民。若书门皂快，供人呼唤，至为下贱。且一入衙门，所以皆奸恶之徒，积年蠹捐，日夕渐染，便顿起横心，朋奸作祟，欺公害民，无所不至。违法背义，伤理败德，近而遭刑罚，远而子孙夷灭。从古未有衙役而子孙昌盛者，其理势然也。我族人子孙，即有不能自存，朴者业农，秀者教读，即至商贾技艺，各守一业皆可营生度日。安于义命，不伤天理，天必佑之。若不听吾言而身陷衙门，必自取灭亡，为天地祖宗之所不容也。戒之，戒之！

崇节俭 夫圣贤立德之基，与斯人持家之法，皆以节俭为本。凡奢侈之人，未有不荡闲逾检者；凡节俭之人，未有不安分守己者。富贵不节，则用度不支，心贪婪污浊，非分苟取，以败声名；贫贱不节，则日食不给，必奸盗诈伪，横行非理，以取祸患。而丧身破家之祸，则俱所不免。奢之为害如是。膏粱子弟每席祖父厚资，不知创业之艰，恣意滥用，家计日消，至于贫彻骨髓犹不知检。且有起骸鬻冢以供口腹，为人讪笑而不知愧耻。予亲见其人，皆缙绅子孙，而不忍指斥。况人生百年，食禄宰于冥漠。用度过侈，食禄既尽，寿亦随之。若爱惜物力，禄享未终，年亦以永，理有固然。且每事樽节，则积蓄盈余，产业日增，子孙世守家法，永无荡覆，奕叶不替，岂非贻谋之良规乎？

端蒙养 易曰："蒙以养正，圣功也。"谚云："少成若天性，习惯成自然。"皆言蒙养之不可不慎也。凡人之性情习气，皆成于幼小之日。每见单寒之子与富贵之儿，每多溺爱，任其性情，习成骄傲，以致于长大而不可变易。荀子云：慈父无孝子。非无征也。古有胎教之法，今即不能皆然，而蒙养之法不可不豫。凡子甫能言，即导以善事，有不率者即为禁止，则彼必知所畏惮。且小儿与人相争，不可自护，则无所恃而不敢肆，复以理谕，久而自驯易矣。且教子不可戏语。昔孟子见人宰猪，问于母曰："彼何为者？"母曰："将与尔食之。"退而曰："狂语非所以教子。"遂买肉食之，以践其言。其谨慎如是，子安得不为圣贤乎？且我一身举动，必思所以为训而后行。每事以身率之，故其教易入。古云："其父杀人报仇，其子行劫。"言身教之宜慎也。稍长，必择师友之贤者以引导之。如此，则变化性情，为圣为贤之基，端于此矣。

以上教条皆日用常行，至简至易至当至切，故特载于谱中。尔后人当奉为筮龟，逐条省览，日夕遵行，世守不替。朱文公诫子云："只此数事进而上之，有无限好处，吾虽不敢言而为尔期之；退而下之，有无限不好处，吾虽不忍言而为尔虑之。"至哉言也！吾今之训何独不然？况吾逐条详悉着明，劝惩法戒咸备。凡我族人子孙，当人人自励，世世共遵。且互相教诫，递为导谕，进其自能而勉其不及。则守身保家、显亲扬名、光前裕后之道，俱在于此。可不勉而行之乎？

——摘自《江夏抚市黄氏大宗合族文史资料选编》

【注释】

①黄愧莪，名日焕，字愧莪，清康熙年间进士。

②独行踽踽：孤零零地一个人走路。形容很孤独的样子。

③锱铢：旧制锱为一两的四分之一，铢为一两的二十四分之一。比喻极其微小的数量。

④不啻：不亚于。

⑤轩轾：车前高后低为"轩"，车前低后高为"轾"，喻指高低轻重。

⑥逋负：拖欠赋税、债务。

⑦褫革：除名革职。

⑧噬脐：用嘴咬肚脐。指因遭受极大损失而后悔不及。

⑨矢公矢慎：发誓为公与慎重办事。

⑩回慝：邪恶。

周氏祖训

1. **奉公上** 以下奉上，令行禁止。虽刑罚累累，不加顺民。幼而学，壮而行。夙夜不懈，方成贤士。故以孝悌为基，恭默为本，平和为世，畏怯为法，勤俭为铭。不贪慕虚荣，阿谄权奸；不攀龙附凤，飞扬跋扈；不鱼肉乡里，为祸地方；不强辞夺理，有辱国格。安分守己，即不辱祖先也。

2. **重本根** 人之发肤，受之父母；父母之源，来自先祖。如此类推，当知家族一脉相承，势如根枝，荣枯与共。爱宗祖自培其根，爱父母自丰其本，爱族众自壮其力。百流归海，万源归宗。族人应豁然知其所以，明晰由来既往，铭感宗功祖德之余，自重族属之谊，自遵派序之例，自睦族属之亲。阖族团结，互为提携，彼此庇荫，共步康庄！

3. **联同气** 一父之子，分为二体。二体相连，此兄弟之伦也。襁褓之时，同乳食、同席寝、同出入、同归学、同师游、同嬉戏、同笑泣，天性淳厚，亲密无间。至成人阅于财势而各怀机心，各私其身，各逞所见，各爱所亲，遂致兄弟反目，视同路人，甚而同根相煎，同气相残，竟成仇隙，全然不念手足情分，争忿全在财利之间。吾有诗云：千朵桃花一树生，风雨凌欺自飘零；万花丛中孤一朵，恨不化泥独自怜。族人细细把味，自知自剪其枝等同自掘其根。打虎亲兄弟，上阵父子兵。因利阋墙①招至孤身无助，岂能长存于天地间乎？

4. **慎交游** 人之履世，交游定矣。近朱者赤，近墨者黑，是谓交游务当谨慎，交友须辨忠奸，时时警醒。切莫以权利相衡，为世相口舌所惑，为灯红酒绿所迷。古有人鲍鱼之肆②，久而不闻其臭；入芝兰之室，久而不闻其香。从于小人，自擅势利奸邪之术；从于庸人，自多俗语陋习之癖；从于诤者，自重刚正行端之礼；从于智者，自拥敏睿聪慧之资。故交友如从师，善恶自彰也。

5. **力耕桑** 衣食者，廉耻之源也。农人耕作虽苦，更有赖天时地利，但春种秋收，自有其乐。餐荤食素，丰俭由心。即无虑庙堂之高，又不愁尔虞我诈。耕耘播种，饲养收获，率性而为，得此惬娱，夫复何求？况大富由命，小富由勤。切戒妄自菲薄，甘为人奴。当知自食其力，有何不及人处？

6. **勤诵读**　家无读书子，礼义从何明？故家有子女，无分聪愚都当授教。读书非博高名，实是习圣贤之言行，辨宏微之理论，学不明之知识，察世界之风云。致学有所成者，亦当恪守本分，不得恃才傲物，凌人霸戾。古言云：家门出一个丧元气的进士，不如出一个积阴德的平民。是谓学以致用，用必得当；学有所成，成当济世襄族。若存一己之私，漠视民生，纵然权倾朝野，富可敌国，又何堪妨仿宗法，凛于人前呢？

7. **立品行**　品行者，道德基准也。人无论贫富贵贱，皆当修身养性。行止端方，不为世俗所染，不为功利所惑。谦谦君子风，笃笃正人形。古有胎教之法：母有孕无邪思，言笑不苟，依时安寝不惊，动静有节，喜怒有常，饮食坐卧端方，生子自然性聪灵慧，品行纯笃。及至延师为学，视其聪愚，农工商贾专而习之。夫品行者，当朴而无华，静而无躁；拘而无放，谨而无哗；入孝出悌，不失风雅；奉公守法，不越常规；处世为人，不失礼义；为官为民，不亢不卑；淡泊名利，荣辱不惊。

8. **正心术**　人之善恶，发乎于心。心有所动，形有所容。故人当清心寡欲，常怀忠厚。切忌热衷名利，好吃懒做，巧言令色，心怀不轨。有道是：苍天有眼观心术，报应不爽惩奸邪。

9. **慎言语**　祸从口出，此系言之不慎也。夫言为心声，但言多不如寡言，有言不如无言。规谏者，铮言屡屡，终取其辱；侮人者，喋喋不休，天怒人怨。争执由此起，讼狱由是兴。又或泛论事故，凑合成巧，高谈阔论，扬人所短；遇生客谈时事，对外人说家丑，聚戏场议官政。皆取祸之道也。故且唱过头喏③，莫说过头话。当言少语，以不亢不卑为度，温和敦厚为本。切忌逞笔锋之利，造歌作状④，明攻暗揭，人受其害，我快其意，最犯造物之忌⑤。是应洁身自好，谨言慎行。但将冷眼看世界，荣辱兴衰在心田。

10. **躬节俭**　人之在世贫贱即定，生死荣辱，概不由人。故宜富家患贫，常将有日思无日；贫民思富，莫把无时当有时。挥霍一席酒，穷汉半年粮。

起家犹如针挑土，败家好比水洗沙。举步何劳车马叫，信脚行来身自健。暴殄天物，入不敷出，华衣锦食，挥霍无度皆败类。切需慎之！戒之！

11. **睦族邻** 天下万物始于其宗，穷其源头乃一本也。即为一本，理当和睦，又何生欺谩之心？故为宗氏，应尊长爱小，互相礼敬，遇难而帮，遇贫则济，遇恶则纠。切忌攀富附贵，远贫拒穷，使族人无所依附，行同路人。如此旷日持久，家族威严扫地。纵然自己一时高高在上，因自己自掘其根，又何能长远？举凡大家，首当固本清源，致成方阵，一荣俱荣。力量不分贫富贱，家门岂论尊卑微。睦族敬宗，礼之使然。天下一家，无分伯仲；邻里之间，无分高下。卜居必择仁里，结伴务求贤良。美不美家乡水，亲不亲故乡人。邻里者犹同根之树，同枝之蔓。应气同声，声相近。切忌自作清高，盛气凌人。当知远亲尚不及近邻，邻里和睦善莫大焉。

12. **禁僧巫** 左道旁门惑众生，焚香聚众迷生灵，生前不修良善事，死后何能罹孽魂。是说人生有命，富贵天成，夭寿不二，惜身以俟。有说修来世者，嗟呼！当世尚不能自保无祸，又何谈来世富贵荣禄？若然舍当前应作之事而不做，一味求助渺渺冥冥空虚无用之神鬼，终是缘木求鱼，竹篮打水。现世诸多忤逆不孝之徒，生不敬养父母，死后修斋超度，其道事涉幻杳⑥。纵有神明在天，又岂能助忤逆之奸，遂忤逆之愿？故此，人之善恶，不在僧巫弘法。果有其为，姑掩凡人耳目。非为不孝，即有过恶，事从朝山礼祖，冀图免罪，岂不闻举头三尺有神明，不图洗心革面，痛改前非，而欲求神庇佑，神祖又可欺乎？古言云：生为明圣，殁为明神；生不忠良，死为下鬼。古往今来，圣贤尚多舛危，良善亦多灾难，非神灵不佑天理失彰，盖因命犯艰厄，无从庇护也。是故有“好人不长寿，祸害一千年”之谣。据此，人之为人，当恪守本分，勤俭务实，谦和处世，不亢不卑，自济自足。确如此，又何必跪僧巫求荣禄，兢兢惧报，夙夜忧烦？

以上诸条，皆人生当务之切要，故不揣谆复劝勉。虽辞有未尽，然理有一定，事则无方，明晰洞幽，有待后人思量。

但以上文传世，作为义训示蒙，开发心志，勉力勤学圣贤，当不至误入歧途。一切权谋果报修身处世之道，当了然于胸矣！

——摘自“中华周氏网”

【注释】

①阋墙［xì qiáng］：内部争斗。

②鲍鱼之肆：卖渍鱼的店铺。

③唱过头喏：行礼致敬超过限度。

④造歌作状：瞎编赞美之词来掩盖自己不足处。

⑤造物：福分。

⑥幻杳：谓虚玄不可捉摸。

吴氏家训

重孝悌 凡我族吴氏，孝顺父母，尊敬长辈，友爱兄弟，和睦族人，是为至上。祖宗功德，天高地厚，无所用其补报。我吴氏后裔，务于岁时节序，瞻仰祭祀，念祖怀宗。孝顺之道，重在养亲，贵在顺亲。于内事亲一片爱心，于外为父母争光，免除父母惦忧。兄弟友爱，兄友弟恭，团结互助。勿因毫末起争端，勿因内室起萧墙，务使三让至德家风源远流长。

重修身 恶不可积，善不可失。成人之美，不成人之恶。己所不欲，勿施于人。择友而交，敬人者人恒敬之。勿以贵轻贱、富骄贫、强凌弱、智欺愚；勿以谗言伤手足；勿以细节伤大体；勿以势力逐高低。

务本业 人有常业不至于饥寒，富贵有业不至于为非。凡我族人须节俭持家，勤劳致富。无论何业均应专心致志，有所作为，有所成就。治身之道，务本为先。勿追逐于浮名，勿孜孜于末利。

尚读书 吴氏崇尚读书，不止为造就人才，博取功名，更重要的是变化气质，提高素质。社会进步，财富固然重要，而人才更为重要。凡我族人，欲求子孙屹立于社会、事业发达、繁荣昌盛，务必崇尚读书，把造就人才视为百韬之首，大事之大。

——摘自“吴氏宗亲网”

孙氏祖训

明明我祖，汉史流芳；训及子孙，悉本义方；
仰绎斯旨，更加推详；曰诸裔孙，听我训章：
读书为重，次则农桑；取之有道，工贾何妨；
克勤克俭，毋怠毋荒；孝友睦姻，六行皆箴；
礼义廉耻，四维毕张；处于家者，可表可坊；
仕于朝者，为忠为良；神则佑汝，汝福绵长；
倘背祖训，暴弃疏狂；轻违礼法，乖舛伦常；
贻羞宗祖，得罪彼苍；神则殃汝，汝必不昌；
最可憎者，同类相戕；不念同气，偏论异邦；
手足干戈，我心忧伤；愿我族姓，怡怡雁行；
通以血脉，泯阙界疆；汝归和睦，神亦安康；
引而亲之，岁岁登堂；同底于善，勉哉勿忘。

——摘自《孙氏家训》

胡氏家规

1. 钱粮为国家正供，自应递年完纳，不得拖欠。如有真实绝户全无着落者，容后再行斟酌。

2. 渎伦乱宗为族中一败类。吾家秉礼已数百年，如有此项自应一律革出，不准入族。

3. 族中子弟，各房长理应时常束约。盖良莠不齐，或有喜乱生事及越礼非为，未免贻累房族。若不预为防范，后将悔之无及。慎之！慎之！

4. 族中子弟，或有无理取闹及因细小事故辄持械争斗，不受家长理谕者，一经发觉定应分别处分，决不姑恕。

5. 族中子弟，有游荡无度，常自入山歌唱淫词，作为伤风败俗论，从重处治。

6. 族中子弟，无故污蔑家长及祭祀时酗酒谩骂，即作以卑犯尊分别议罚。

7. 大小宗祠，原为藉安祖灵及岁时飨祀燕毛[①]之所，自应长年洁净，弗得污秽。守祠人亦不得勾引外人寄宿，或寄放各项杂物。如有此弊，通众公罚。

——摘自《永定胡氏家谱》

【注释】

①飨祀：享受祭祀；燕毛：古代祭祀后宴饮时，以须发的颜色分出长幼的座次，须发白年长者居上位。

朱子治家格言

（明·朱用纯）

黎明即起，洒扫庭除，要内外整洁。既昏便息，关锁门户，必亲自检点。一粥一饭，当思来处不易；半丝半缕，恒念物力维艰。宜未雨而绸缪，毋临渴而掘井。自奉必须俭约，宴客切勿流连。器具质而洁，瓦缶胜金玉。饮食约而精，园蔬胜珍馐。勿营华屋，勿谋良田。

三姑六婆，实淫盗之媒；婢美妾娇，非闺房之福。奴仆勿用俊美，妻妾切忌艳妆。祖宗虽远，祭祀不可不诚；子孙虽愚，经书不可不读。居身务期质朴，教子要有义方。勿贪意外之财，勿饮过量之酒。

与肩挑贸易，勿占便宜；见贫苦亲邻，须多温恤。刻薄成家，理无久享；伦常乖舛[①]，立见消亡。兄弟叔侄，须多分润寡；长幼内外，宜法属辞严。听妇言乖骨肉，岂是丈夫；重资财薄父母，不成人子。嫁女择佳婿，毋索重聘；娶媳求淑女，毋计厚奁[②]。

见富贵而生谗容者，最可耻；遇贫穷而作骄态者，贱莫甚。居家戒争

讼，讼则终凶；处世戒多言，言多必失。毋恃势力而凌逼孤寡，勿贪口腹而恣杀生禽。乖僻自是，悔误必多；颓惰自甘，家道难成。狎昵恶少[③]，久必受其累；屈志老成，急则可相依。轻听发言，安知非人之谮诉[④]，当忍耐三思；因事相争，安知非我之不是，须平心暗想。

施惠勿念，受恩莫忘。凡事当留余地，得意不宜再往。人有喜庆，不可生妒忌心；人有祸患，不可生喜幸心。善欲人见，不是真善；恶恐人知，便是大恶。见色而起淫心，报在妻女；匿怨而用暗箭，祸延子孙。

家门和顺，虽饔飧不继[⑤]，亦有余欢。国课早完，即囊橐无余[⑥]，自得至乐。读书志在圣贤，为官心存君国。守分安命，顺时听天。为人若此，庶乎近焉。

——摘自《永定朱氏族谱》

【注释】

①乖舛：指违背。

②厚奁［hòu lián］：丰厚的嫁妆。

③狎昵恶少：和行为不端的人过于亲昵。

④谮诉［zèn sù］：指诬蔑人的坏话。

⑤饔飧不继：指吃了上顿没有下顿。饔飧［yōng sūn］，早饭和晚饭。

⑥囊橐无余：指口袋没有多余的钱。橐［tuó］，口袋。

朱子家训

（宋·朱熹）

君之所贵者，仁也。臣之所贵者，忠也。父之所贵者，慈也。子之所贵者，孝也。兄之所贵者，友也。弟之所贵者，恭也。夫之所贵者，和也。妇之所贵者，柔也。事师长贵乎礼也，交朋友贵乎信也。

见老者，敬之；见幼者，爱之。有德者，年虽下于我，我必尊之；不肖者，年虽高于我，我必远之。慎勿谈人之短，切莫矜己之长。仇者以义解之，怨者以直报之，随所遇而安之。人有小过，含容而忍之；人有大过，以理而谕之。勿以善小而不为，勿以恶小而为之。人有恶，则掩之；人有善，则扬之。

处世无私仇，治家无私法。勿损人而利己，勿妒贤而嫉能，勿称忿而报横逆，勿非礼而害物命。见不义之财勿取，遇合理之事则从。诗书不可不读，礼义不可不知；子孙不可不教，童仆不可不恤；斯文不可不敬，患难不可不扶。守我之分者，礼也；听我之命者，天也。人能如是，天必相之。此乃日用常行之道，若衣服之于身体，饮食之于口腹，不可一日无也，可不慎哉？

——摘自《紫阳朱氏宗谱》

高氏家训

巍巍我祖，宋史留芳；立身处世，言表行坊；忠君爱国，时凛冰霜；封侯赐爵，绩著旂常。惟诸苗裔，听我训章：

上读书史，次务农桑；经营事业，旷绩工商。克勤克俭，毋怠毋荒；睦姻任恤，六行皆箴；礼义廉耻，四维毕张；处于家者，饬纪饬纲；仕于朝者，为忠为良。勿不仁不义，兄弟争田；勿逾闲逾矩，致罹罪愆；勿伦常乖舛，玷辱祖先；勿秦越相视，箕豆煮燃。宜孝亲敬长，畏圣畏天；宜敦睦宗族，无党无偏；宜恤孤怜寡，持危扶颠；宜急公好义，崇德尚贤。恪遵祖训，神则福汝，昌炽绵延。倘违祖训，神则祸汝，奕世饨遭。仰绎斯旨，愿吾子孙钦哉！勉旃！

——摘自《高氏家谱》

西陂林氏家训

士　士为四民之首，士之自待者重，人之所以待之者亦不敢轻。《论

语》以有耻不辱称孝称悌为士，《孟子》以尚志备大人之事为士。然必自发蒙始，以故家塾、党庠、州序，无非所以造士也。若不芸窗攻苦、励志勤修，日以嬉游为务，斯空负士之名，有愧士之实，其不取笑于士林者寡矣。愿族内弟子勉之。

农 古者三时务农，一时讲武。农之食力，上以供国课之用，下以备衣食之资。若荒芜不治田亩草宅，反怪岁旱不时，其不至儿号寒妻啼饥者，未之闻也。何如出而作入而息，仰事俯育之为乐也乎？愿族姓熟思之。

工 周官六职，工居其壹。工之业宜精，工之技宜巧，然必居肆以成其事焉。若踧踖[①]为心，究无一技之见长，必至自误终身，贻悔实甚。

商 行货曰商，居货曰贾。商贾之业皆权子母[②]以计利息，握算持筹而不外乎小心交易而退，自古为然也。若浪荡江湖，不顾血本，逐花街而入赌场，诿之于赚钱有命，及至袋囊羞涩，傍人门户度春秋也，岂不羞哉？

孝 孝为百行之原，全凭人子天性团结而成。古之大孝达孝，非敢易望于族人。至若冬温夏凊，昏定晨省[③]，饔飧[④]无缺，菽水承欢，服劳代老，尽人皆可各竭其力之所能为者，岂曰富贵可尽孝道，而贫贱不能尽孝道哉？矧乎孝之感通最捷，昔攒公于贞元时为福唐尉，以母丧自负土作冢筑庐墓，遂有白乌[⑤]甘露之祥。为子者尚其勖[⑥]诸。

悌 悌以事长，能事长便无犯上作乱之事。自同胞之兄，以及十年以长五年以长，皆当尽悌道以事之也。若目无尊长不循弟职，疾行先长且或以贤智先人，则兄兄弟弟之谓何？其安能免不孙悌[⑦]之诮哉？

忠 忠者，尽己之谓也。昔比干公为殷少师，见箕子谏纣不听而泣曰："主过不谏非忠也，畏死不言非勇也。"于是伏诸象魏之门三日，进谏而不去。其精忠报国为何如哉？嗣后之裔蕴公为唐刺史，初对策曰：臣远祖比干忠谏而死，天不厌直复生微臣，是亦率乃祖攸行也欤！然出而仕者固宜效，匪躬以致忠贞；而未出而仕者，凡应事接物，亦当尽吾心以行之，而勿欺勿妄，竭尽而无留余，庶得尽己之谓耳。

信 信以发志也。存于心则勿贰以二、勿叁以三，以实之谓信；见于行则近义可复，久要不忘[⑧]，循物无遗之谓信。不然，若粉饰诈伪，凡一言一行，究莫测其衷之所至。故孔子曰："人而无信，不知其可也。"

礼 礼者，天理自然之节文，先王制之所以纳身于轨物⑨，而使过者俯而就之，不及者跂而及之。凡大而冠婚丧祭，小而服食日用起居，毋过为俭啬，尤不可过为奢华。随事皆要循规蹈矩，制节谨度。故昔放公见世之为礼者，专事繁文，因问礼之本于孔子。孔子赞之曰："大哉问！礼，与其奢也，宁俭；丧，与其易也，宁戚。"

义 义者，心之制，事之宜，人之正路也。孔子曰："见义不为，无勇也。"盖义之一字人之大节存焉。故未仕而穷不失义，达则去就以义。他如裒多益寡⑩，裁之以义，极之慷慨慕义，从容就义。信近于义，见利思义。义之切于人为何如？人其务之可也。

廉 廉者，清之谓也，义之宜也。清而廉，则廉莫如伯夷之高风千古；义而廉，则廉莫如伊尹之一介不与不取。他如，原宪之辞禄；公绰之不欲；项仲山之饮马投钱。类皆以廉见不言廉。而无往非廉者，甚非若后世，姑与弗取，矫曲一时，伪托于廉，而实去乎廉也。况乎贪多务得而取与不明，则其伤乎廉也尤甚。是廉顾可不底于清而明其义哉。

耻 耻之于人，大矣。耻于不善，将勉于为善；耻于不为，将勉于有为。故孔子曰："知耻近乎勇。"若奸淫窃盗，放辟邪侈⑪，以及卑污苟贱之行无不为者，由其无半点耻心也。故孟子曰："人不可以无耻，为机变之巧者，无所用耻焉。"又曰："不耻不若人，何若人有？"

——摘自《永定西陂林氏族谱》

【注释】

①踧踖［cù jí］：徘徊不进。

②子母：指本金。

③昏定晨省：晚间服侍就寝，早上省视问安。旧时侍奉父母的日常礼节。

④饔飧［yōng sūn］：指早饭和晚饭。

⑤白乌：白羽之乌。中国古代符瑞文化中，被视为祥瑞之物。

⑥勖［xù］：指勉励。

⑦孙悌：同"逊悌"，敬顺兄长。

⑧久要不忘：不忘旧约或旧交。

⑨轨物：规范；准则。

⑩裒多益寡：比喻多接受别人的意见，弥补自己的不足。裒［poú］，减少。

⑪放辟邪侈［fàng pì xié chǐ］：指肆意作恶。

振成楼[①]联训

1. 干国家事，读圣贤书。

2. 振纲立纪，成德达材。

3. 振作那有闲时，少时壮时老年时，时时须努力；成名原非易事，家事国事天下事，事事要关心。

4. 振刷精神担当宇轴[②]，成些事业垂裕后昆。

5. 从来人品恭能寿，自古文章正乃奇。

6. 言法行则，福果善根。

7. 能不为息患挫志，自不为安乐肆志[③]；在官无傥来一金[④]，居家无浪费一金。

8. 振乃家声，好就孝悌一边做去；成些事业，端从勤俭二字得来。

【注释】

①振成楼，坐落在福建省龙岩市永定区湖坑镇洪坑村，由洪坑林氏二十一世裔孙林鸿超兄弟等人于民国元年（1912）建造。

②宇轴：比喻天下国家重任。

③肆志：随心纵情。

④傥来：侥幸偶然得来。一金：指少量钱财。

何氏家规

（明·何伦）

1. **孝敬亲长之规**　孝顺父母，尊敬长上，乃百行之首、万善之源。人能尽得此道，天地鬼神相之，亲戚邻里重之。凡有父母兄长在前者，不可不及时勉旃[1]。今之人以能养为孝者，盖缘不顾父母而私妻子倒行逆施者众。彼善于此，故与之耳。殊不知孝之道，岂养之一事所能尽哉？要有深爱婉容而承颜顺志[2]，尊敬谨畏而唯命是从，稍有斯须[3]欺慢违忤，或伤教败礼取辱贻忧，虽日用三牲之养，犹不为孝也。蓝田吕氏曰："孝莫大乎顺亲。"司马公曰："吾事亲无以逾于人，能不欺而已矣。"其事君亦然。人家子弟有父母兄长慈爱，又得教以诗书，授以生业，而能显亲扬名以尽孝敬之道者，乃常分耳。乌足言要在困苦艰难、流离颠沛之际，竭力尽心、周全委曲、消患弥变、特立独行而不失其度者方为孝敬？

2. **隆师亲友之规**　凡家素清约，自奉宜薄，然待师友则不当薄也。切不可因己无成而不教子，又不可以家事匮乏而不从师，务要益加勉励。则所闻者尧舜周孔之道，所见者忠信敬让之行，渐摩既久，身日进于仁义而不自知也。若为利欲所使，违弃师友，则与不善人处，所闻所见无非欺诬诈伪、污漫邪淫之事，身日陷于刑戮而亦不自知也。言之痛心，各宜自省。君子以文会友，以友辅仁，必须趋向正当切磋琢磨有益于己者，始可日相亲与。若乃邪僻卑污与夫柔佞不情[4]、拍肩执袂[5]相诱为非者，慎勿与之交接。学问之功，与贤于己者处，常自以为不足，则日益；与不如己者处，常自以为有余，则日损。故取友不可以不谨也，惟谦虚者能得之。

3. **鞠育教养之规**　古有胎教，凡妇人妊子，寝不侧、坐不边、立不跸[6]；不食邪味，割不正不食，席不正不坐，目不视邪色，耳不听淫声。此道也，今之妇人乌得而知之？夫当预与之言：凡产子，须是为母者自哺，不可委之乳母。吾尝见人家委乳母者，雇直服食，稍不如愿，反令其子寒暖失时，饿饱无节，或跌扑惊伤隐蔽不言，致疾莫知所自。且乳母中端洁者寡，常生意外之虞，不可不谨。女子初生三朝满月，慎勿置酒张

筵，多害生命。惟斋沐更衣，具酒果，抱子告于祠堂。其世俗催生迭羹之礼，靡费无益，概宜谢绝。古礼名子不以日月，不以国，不以隐疾，不以山川，亦不可与古圣先贤同名。但只以名理学之字，使之顾名思义可也。外有数则，大意与温公家仪同。

4. **节义勤俭之规** 节义之人，乃天地正气所钟，光祖宗荣亲族，莫大乎是。后世但有男子仗义而穷、妇人守节而苦不能自存者，岂不为之虑而使之失所耶？合族俱当议处，资给以成其美，不得轻慢靳啬⑦。

勤俭为成家之本，男妇各有所司。男子要以治生为急，于农商工贾之间各执一业，精其器具，薄其利心，为长久之计。逐日所用亦宜节省，量入为出，以适其宜。慎勿侈靡骄奢，博弈饮酒，宴安懒惰。若人心一懒，百骸俱怠，日就荒淫，而万事废矣。妇人夙兴夜寐，黾勉同心，执麻枲治丝茧、织纴组紃以供衣服。不事浮华，惟甘雅洁。凡有重务，弟兄妯娌分任其劳，主妇日至厨房料理检点，但有童婢撒泼五谷、秽污作践、暴殄天物者，量加惩戒。至晚扃锁门户，贮水徙薪，逐处照管，仍谕各房不许烘焙衣物。内外谨严，俱无怠忽。其上下衣食分给有等，男女多者传递惟均，不得各分彼此。嫁娶宾亲亦从简便。如此则衣食常盈而先业不堕矣。

5. **读书写字之规** 子弟读书之成否，不必观其气质，亦不必观其才华，先要观其敬与不敬，则一生之事业概可见矣。凡开蒙之后，能渐渐收敛，一唯师教之是从，亲言之是听。敬重经书，爱惜纸笔，洁净几案，整肃身心。开卷如亲对圣贤，熟读精思，沈潜玩索⑧，将书中义理反求，就自家身上体认。眠存梦绎，念念不忘，如婴儿之恋慈母，饥渴之慕饮食，无一刻之敢离，无一时之或怠。但遇紧要词语，留意佩服，即思此一句可以用在某处，我当谨守力行；此一句正中我之病根，我当即为拔出，不使蔓延滋长。如此为学，难愚必明。纵不能尽忠于朝廷，亦可以尽孝于父母；纵不能建功业于天下，亦可以自善乎一身。若乃不庄不敬，鲁莽忽略，未学先能，未让先厌。或讲读之际目视他所，手弄他物，心想他事，于书读其前则污其后，读其后则毁其前；或自恃聪明，不肯用力；或专务外驰，不肯内究。如此为学，白首无成，虽成必败。居官则败国家之事，处己则无保身之谋。所以古之圣贤教人，先在洒扫应对时着力引诱提撕，拳拳以持敬为本。

读书以百遍为度，务要反复熟嚼，方使味出。使其言皆若出于吾之口，使其意皆若出于吾之心，融会贯通，然后为得。如未精熟，再加百遍可也，仍要时时温习。若功夫未到，先自背诵，含糊强记，终是认字不真，见理不透，徒敝精神，无益学问。学问之功全在讲贯，而讲习之要必须讲后自己细看，着意研穷，潜思默究，逐句抽绎⑨，逐章理会，方才得其旨趣。略有疑惑，即为质问，不可草草揭过。俟一本通贯后，仍听先生摘其难者而讯问之；或不能答，即又思之；思之不通，然后复讲。真境一开，如得时雨之化，后来作文随意运用，信手发挥，自然成章，再无窒碍。若泛泛而讲，泛泛而听，原不留心佩记，徒费唇舌，不入肺腑，今日让过，明日忘之；此章未达，又讲别章；今年未明，复待来岁。虽讲至百年，诚何益也！

凡写字务要庄重端楷，有骨格、有锋芒、有棱角，不得潦草斜歪、微眇软弱。古人云："用笔在心正，则笔正矣。"吾以为用笔固在心正，又在手活。手活则笔势奇妙，如走龙蛇。不则若胶柱鼓瑟⑩而剔画不开也。是以小儿初学字时，先要教其执笔圆活。如写小字，止令手指运笔，而手腕不可动也。若小时失教，大来难转者，令学草书，庶几可改。抄书认字真切，则无鲁鱼亥豕⑪之弊，既要快速又要不差，此乃日用常行第一急切之务。况考试之日，苟或字之不佳，涂注粗拙，纵是锦绣文章，亦不动观览矣。岂可谓字不关紧要而不习耶！

功名富贵固自读书中来，然必待天与之方可得，岂人力之所能为？苟人力可为，官将布满宇内矣。吾尝见人家子弟不读书则已，一读书就以富贵功名为急，百计营求，无所不至，求之愈急，其事愈坏。缘此而辱身破家者多矣。至于自己性分内有所当求者，反不能求，惜哉！吾人各要揣己力量，以安义命，不得越理妄求。今后可读书者，晓窗夜檠⑫，优游涵养，以俟乎天⑬，将功名富贵四字置诸度外，只将孝、悌、忠、信四字时时存省。苟能表帅乡闾，教道子侄，有礼有恩，上下和睦，使强者不得肆，弱者得以伸，只此就是治道，何必入仕然后谓之能行？不能读书者，安心生理、顾管家事，能帮给束修薪火之资，使读书者得以专心向学，倘或成就得一个好人，不惟于合族有光，亦不负父母之心。只此就是孝义，何必读书然后谓之能知？

6. **出处进退之规**　人生天地间，智愚贤不肖，固有不齐。或出或处，或进或退，要当皆以古人为鉴，斯无咎矣。昔伊尹、傅说、吕望、孔明之处也，一耕于有莘之野，一佣于版筑之间，一垂钓渭滨，一高卧南阳。此四公者，不出则寥寥无闻，一出则立业建功，以安天下。向非天子梦卜求而用之，终于农工渔隐之流，而何尝汲汲自出？抑何尝以农工渔隐之事，为鄙陋而不为也。今人知出而不知处，知进而不知退。凡读书不遂，即鄙农工商贾之事而不屑为，所以有济世之才而无资生之策者多矣。如张齐贤以布衣而条当世之务，艺祖留之以相太宗，范仲淹以秀才而怀天下之忧。君子称之为分内事。今初学之士，就欲妄事，希觊干求，岂二公之俦也耶？又留侯疏广功成身退，知止知足，成万世之美名。今之既明且哲以保其身者几人？吾人能知此四事，于所行所止之间审己量时，见机而作，则庶乎免夫失身之患。

7. **待人接物之规**　凡与宾客及尊长、卑幼、君子、小人相接，义节固有不同，咸不外乎敬而已矣。若待尊长必须言温而貌恭，情亲而意洽。尊长或不我爱，益加敬谨可也。待卑幼又在自敬，其身苟能尊严正大，肃矩整规，则为卑幼者修饬畏惧之不暇，孰得而上犯之耶？一或琐碎亵狎⑭，便无忌惮矣。待君子之敬根于心，凡相见、往来、交际之礼，俱宜从厚，其敬始伸，若稍薄则为慢矣。待小人则不然，外若敬而内则疏，包容退让，宁受亏一分，使之自满自愧，于我亦无所损。若与之争竞较量，一旦弃绝，或发其隐私，斥其过恶，彼必终身怀忿，不至中伤而不止耳。此乃一生所验之良方，以为后人应世之药石。

凡客至，家长或宗子出迎。若系宗族姻党之尊者，子弟俱出，列班肃揖。如出外远回久不相见者，则拜或留饭，家长宗子奉陪。如系子弟中之旧师友、新姻眷，止是此子弟奉陪，其余不必见也。留饭之意，既得尽语又得尽欢，且能尽敬，况路遥者不使受馁⑮而还。馔贵快便精洁不贵多，品庶亲近教益常可往来，若一丰厚，后来难继也。

8. **饮食服御之规**　饮食服御，乃民生日用之不可缺者。近来侈奢无节，风俗日漓，盗起民穷，多出于此，岂草茅之说所能挽？故历采古先圣贤之言为此标准，吾人当佩服，以成雅淡俭朴之风。古人饮食，每种各出少许，置之豆⑯间之地以祭先代，始为饮食之人不忘本也。为人子者，父母存冠衣不纯素，孤子当室冠衣不纯采。

唐太宗教太子曰：汝知稼穑之艰难，则常有斯饭矣。

朱子问曰：饮食之间，孰为天理？孰为人欲？曰：饮食者，天理也；要求美味，人欲也。君子慎言语节饮食，二者养德养身之切务。有道之士粗衰索带而人不鄙之者，取其内而不取其外也。

司马温公曰：吾生平衣取蔽寒，食取充腹，亦不敢服垢弊以矫俗干名⑰，但顺吾性而已矣。又曰：吾家待客会数而礼勤，物薄而情厚。古人事亲，有以酒肉养志者，有以菽水承欢者，均不失其为孝。茅容⑱待客，以草蔬与之同饭，杀鸡为馔以供母。客知之，起拜而称贤。范文正公虽贵，非宾客不重肉，妻子衣食仅能自充，而惟好施予。晏平仲弊车羸马⑲，而惠及三族。

范益谦曰：凡吃饮食不可拣择去取。

汪信民曰：人常咬得菜根，则百事可做。

朱子曰：今人不能咬菜根，而至于违其本心者众矣。可不戒哉！

张文节公为宰相，自奉甚约，或讥之。公叹曰：吾今日之俸，虽举家锦衣玉食何患不能？顾人之常情，由俭入奢易，由奢入俭难。吾今日之俸岂能常有？身岂能常存？一旦异于今日，家人习奢已久，不能顿俭，必至失所，岂若吾居位去位、身存身去如一日乎。

柳公绰凡遇饥岁，诸子皆蔬食，学业未成者不听食肉。弟见兄未尝不束带，夫人常衣绢素，不用绫罗锦绣。每归觐不乘金碧舆，只乘竹兜子⑳。常命粉苦参、黄连、熊胆和丸赐诸子，每永夜习学含之，以资勤学。所以在公卿间最名有家法。君子以礼义养心，则心宽体胖；若恣食肥甘，则神昏气溃。妇女以布衣御寒，则坚苦其志；以香熏罗绮，则淫荡其心。

9. **量度权衡之规**　人家之升斗尺秤，皆所以量多少度长短，称物平施而权轻重者也。此固家常用物，实系乎人之一心。心正而公，则制之惟准，用之惟平，使贸易输敛之间两无亏累，即为天理矣。若以私刻存心，专图利己，买人之物则用大斗大秤，卖物与人则用小秤小斗，或借人米谷原以大斗量入而以小斗偿还，取息于人以小斗放出而以大斗收回，即此就为人欲。殊不知轻重大小之间所增几何？而所损大矣！盖幽暗之中鬼神在

焉，人可欺而心不可欺，心可欺而天不可欺。吾人为学，欲辨理欲而下克己工夫者，先从此处用力，最为亲切。

10. **撑持门户之规** 大丈夫尚欲戮力王室，而自家门户岂可不为撑持而忍坐视其敝乎？盖人家之兴者岂得常兴，而废者亦岂常废，兴而不撑持，即废矣；废而能撑持，何患不兴乎？兴废固由于天，而撑持之力实在于人。能知得此意，克勤克俭，凡有废坠，一一修举。或遇户役世务之来，宗子总其大纲，支庶同心共济，协力帮扶以保宗祀，切不可推延畏缩、窃议旁观，以致唇亡齿寒、萎靡不振而反取人欺笑。虽然此其大略也，若夫光显之，则在笃志诗与书矣。

——摘自《何氏家规》

【注释】

①勉旃［miǎn zhān］：劝勉。

②承颜顺志：承颜，顺承尊长的颜色；顺志，顺从心意。谓侍奉尊长。

③斯须：片刻。

④柔佞不情：伪善谄媚薄情。

⑤执袂：拉住衣袖。

⑥不跸［bì］：不倾斜。

⑦靳啬：吝啬。

⑧沈潜玩索：沉浸其中，体味探求。

⑨抽绎［chōu yì］：理出头绪。

⑩胶柱鼓瑟：比喻拘泥成规，不知灵活变通。

⑪鲁鱼亥豕［lǔ yú hài shǐ］：把“鲁”字错成“鱼”字，把“亥”字错成“豕”字。指书写错误。

⑫晓窗夜檠：早晨利用窗户的亮光，夜晚秉烛夜读。檠［qíng］，灯台。

⑬以俟乎天：指等待时机。

⑭亵狎［xiè xiá］：亲近宠幸。

⑮馁：饥饿。

⑯豆：中国先秦时期的食器和礼器。

⑰矫俗干名：指故意违背世俗去获取名声。

⑱茅容：字季伟，陈留人（今河南商丘）。著名东汉大孝子。

⑲弊车羸马：是指破旧的车，瘦弱的马。形容为官清廉，生活俭朴。

⑳竹兜子：一种有座位而无轿厢的竹制的轿子。

郭氏家训

孝父母　人非甚不肖，未有显然不孝父母者。然或阳修承顺之文中，鲜爱敬之实，此愈于不孝有几。吾所谓孝，内尽其诚，外竭其力，父母在则委曲养志，父母殁则哀慕终身。既以自责，兼以望族人尔。

友兄弟　父母者，身之本也；兄弟者，同气连枝人也。兄弟讲友恭，则一家和。一家和，则父母顺。和顺之气满庭帏，家道有不日昌者乎？

亲宗族　九曲之水，发于昆仑；千寻之木，始于拱把。故本支百世，分有亲疏，谊原一体。凡我子孙，休戚相关。不但萃处一方者，岁时婚娶丧葬诸事礼数宜周；即远在他府者，有便亦必时通音问。至于张公艺之九世同居，范文正公之文置义田，又在族人自勉之耳。

训子孙　父兄之教不先，子弟之率不谨，从来匪类多属失教之人。幸生旧族，产下子孙，无论为士为商，五六岁后即须使之读书，讲明立身大节，将来始不至玷辱祖宗。不然一时姑息，贻患无穷。可不戒哉？可不戒哉？

慎婚姻　男女匹配，人道伊始。凡我族中为男择妇，为女择婿，务期良善人家，父母素有教训者，方与之结姻。切不可误信匪人，致贻羞辱。亦不得妄攀豪贵，反受欺凌。

勤职业　国有四民，各专一业。业之不勤，与无业等。凡我子孙，务宜随分尽力，黾勉厥事①，慎勿嬉浪荡，流为匪民。至于失身胥役，发肤不保，辱族玷宗，尤宜永禁。

敦节俭　创者多俭德，守者多奢华。祖宗苦俭约，不知几经积累，家

道始克②，裕及子孙。承其基业，任意耗费，曾不旋踵③，货财立尽，虽曰家运，岂非人事使然？吾见此等人，既深恨之亦怜之，更愿与族人共戒之。

——摘自“中华文本库”

【注释】

①黾勉厥事：尽力做好正事。

②家道始克：家私产业才开始兴盛。

③旋踵：掉转脚跟。形容时间短促。

马援家训

（汉・马援）

吾欲汝曹闻人过失，如闻父母之名，耳可得闻，口不可得言也。好议论人长短，妄是非正法，此吾所大恶也，宁死不愿闻子孙有此行也。汝曹知吾恶之甚矣，所以复言者，施衿结褵，申父母之戒，欲使汝曹不忘之耳。龙伯高敦厚周慎，口无择言，谦约节俭，廉公有威，吾爱之重之，愿汝曹效之。杜季良豪侠好义，忧人之忧，乐人之乐，清浊无所失；父丧致客，数郡毕至，吾爱之重之，不愿汝曹效也。效伯高不得，犹为谨敕②之士，所谓刻鹄③不成尚类鹜④者也；效季良不得，陷为天下轻薄子，所谓画虎不成反类狗者也。迄今季良尚未可知，郡将下车辄切齿，州郡以为言，吾常为寒心，是以不愿子孙效也。

——摘自《永定扶风马氏族谱》

【注释】

①施衿结褵：指古代女子出嫁，母亲将五彩丝绳和佩巾结于其身。

②谨敕：谨慎自饬。

③鹄［hú］：天鹅。

④鹜［wù］：鸭子。

马氏家训

1. **敬祖宗** 水有源而木有根，人本乎祖衍子孙；谁个离人不向祖？哪个游子不寻亲？长江源出昆仑水，桂花苗发老树根；自来无今不由古，恒当纪念莫忘情。

2. **孝父母** 父母生我多艰辛，温饱课读难长成；老人患病忙医治，儿女当报抚育恩。生养死葬子孙责，衣食住行尽孝心；媳妇今日乳后代，转眼又是百岁人。

3. **睦兄弟** 弟兄本是同根生，父母血肉一脉承；你谦我让皆和气，斗强操戈岂人伦？紫荆田氏昆仲事①，大被美家手足情②；家事外务共商讨，团结友爱敬双亲。

4. **谨夫妇** 夫妻原为同巢鸟，男女平等无高低；鸳鸯皆游不独宿，凤凰比翼展九霄。侍奉父母应诚恳，教育儿女不惯娇；节俭勤奋创家业，互敬互爱乐滔滔。

5. **和妯娌** 妯娌虽为异姓人，理当携手建家庭；切莫相互惹事端，祸起笑杀邻里人。公婆丈夫无怨恨，姑嫂叔侄具欢心；财物小孩同关照，肝胆相照姊妹情。

6. **教子女** 义方教子贯古今，孟子岳母是典型；王冕牧牛成画派，车胤读书借囊萤③。立身处事戒懒惰，淫荡财博非正人；言行谨慎当慎重，体量危难莫欺贫。

——摘自《马氏家训》

【注释】

①紫荆田氏：《续齐谐记》载，汉代田真、田庆、田广三兄弟分家，决定把院中的紫荆树也分三段，各家一份。第二天砍树时，紫荆已枯死。田真见此情景，对两个弟弟说，树听说分为三段，自己枯死，我们真不如树呵，说完悲不自胜。三个决定不再分家，而紫荆树居然又复活了。故后

人以“紫荆”比喻兄弟骨肉同气相连。

②大被：据《后汉书·姜肱传》记载，东汉彭城广戚人姜肱、姜仲海、姜季江兄弟三人，天性友爱，形影不离，天天在一起读书，下课又一起温习功课、玩耍，还在一起帮家里做家务事。而且三兄弟缝了一床大棉被，每天都睡在一起。等到各自娶妻，兄弟互相依恋，不能分开，因需成家立业，才分开居住。兄弟三人以孝行而著名。

③囊萤：用袋子装萤火虫。晋朝人车胤因家境贫寒，买不起香油点灯，夏天的夜晚，就用白绢做成透光的袋子，装几十只萤火虫照着书本，夜以继日地学习着。

罗氏家训

勤俭为起家之本，男妇各有攸司[①]。男子以治生为急务，择一业而精其术，不可见异思迁，永为资生长策。日用酬酢[②]，衣食服衔，宜崇节俭，量入而出，勿习奢华，则财恒足矣。若妇人佐夫治内，尤当夙兴夜寐，黾勉同心，蚕丝勤织以供衣服。至岁时伏腊祭祀，宴宾盘餐精洁，丰俭得宜，是妇道可夙矣。不唯可保前烈，且能垂裕后昆也。不然宴安怠惰，侈靡滥发，日事荒淫，非成家之道，敢不戒哉？

人生重品行，立志事求成。勤俭交相勉，田园遂候耕。事亲当竭力，惟孝感神明。叔侄昭雍睦，乡邻若弟兄。闲人防出入，奸盗不能生。整肃成门第，敦伦可立名。读书期笃志，讲究要求精。义理心常懔，经权谙世情。祖宗遗产业，恪守贵增盈。坟墓时修理，春秋祭礼诚。百般当量力，非分莫经营。尊长为家督，事宜禀令行[③]。勉成君子道，规劝务忠贞。有礼本分让，宽容量自宏。事微休构讼，国课早完清。客至殷勤待，谦和敬重迎。心正鬼神服，无私夜不惊。有财须节用，负债莫非轻。治家严内外，大小要均平。善行敦毋怠，谆谆耳必倾。

——摘自《永定罗氏族谱》

【注释】

①攸司：指所司，从事的职责。

②酬酢［chóu zuò］：宾主互相敬酒，泛指交际应酬。

③禀令：受命。

梁氏族规

教家之道，千条万绪，非言语文字能罄述。然以身教者从，以言教者讼。为父兄者不可不知，欲求好子孙，未有不自贤父兄培植而来者也。教子之方，莫要于读书。必能读书乃能明理，能明理始能成器，始能保家。至进取成名，登科发甲，固视乎命运。然超琼所识科甲中人，其家三世读书而发始达者，十居八九。若先世目不识丁，而其身崛起田间，至登甲乙榜者，百中仅一二焉。俗语所以称"书读三世发"之言也。兹所定族规十条，皆幼时闻于吾祖、吾父，所以教吾兄弟者之言。即族祖南村公、族叔宇喧公平日所以教族人者，亦未尝不同。故纂而存之，刊之于谱，愿与族之子弟，世世共遵守之。或有遗漏及应添立规条，异日重刻时，固可增入。

奉祖先 水源木本，理不可忘。但思身所自来，则由吾父而吾祖，一一追溯，虽十世百世，固不得以为远也。奉先思孝，古训昭垂，帝王且然，况大夫、士庶哉？吾家自远祖以来所立家规：凡先世考妣生日、忌辰，家中必当设祭之礼，岁首、岁除、端午、中秋亦如之。新岁暨清明，必相率扫墓，古人所谓上冢也。各家无论老幼，必当亲诣墓前，行三叩首礼。虽大风雨雪，不得惮劳。此乡族所同，子孙宜永永循守。庶几因时感慕，不至忘春露秋霜①之恩乎。万物本乎天，人本乎祖，但有心知亦可共明此理也。

孝父母 属毛离里②，怀抱恩深；择傅延师，劬劳念切。苟或不孝，禽兽何别？但不孝匪一端，如孟子言世俗所谓不孝者五，大略该之。而好货财私妻子，尤为乡俗通弊，不可不以为切戒。至于违犯教令，律有明

条：凡子孙于父母及祖父母，骂者罪即绞决，殴则斩决，杀者凌迟处死。例禁森严，虽下愚亦当知畏。苟念生我、鞠我、抚我、育我之德，则服劳、致敬、就养无方③，天性所流自有不能已者，何至尚有忤逆哉？倘有不孝之子，合族须预为教戒，俾知悛改。庶免酿成枭，贻累族人。

和兄弟 长枕大被④，天子且然。让枣推梨，昔人称美。但人家兄弟，当幼小时无不十分友爱。其后之不睦者，大抵因妻子、争财产而已。抑或此贫彼富，有求莫应，若秦越人之相视，同气参商⑤，半皆由此。夫一父之子，即非同胎共乳，有前后嫡庶之别，亦属一气所生。骨肉至亲，尚成嫌隙，子孙尤而效之，有不破家者乎？堂从兄弟，尚宜和睦，况在同气乎？族中宜互相教戒，共笃友于，则出入怡怡，家风不陨，亦同宗之光矣。

睦宗族 贵贵贤贤，义无偏诎；亲亲长长，分有常伸。凡子姓之分支，皆祖宗之一脉。尊卑之分，秩然不淆；长幼之情，蔼然相浃⑥。喜则相庆，忧则相吊。贫弱之一，富实者宜时周恤之。愚鲁之徒，贤智者时教导之。总以相扶、相助为念。至于尊长，尤不得与卑幼戏谑，致为有识者所笑。此吾乡之陋俗，不可不切戒矣。

和乡邻 岁时款洽，谊笃比邻；患难扶持，世称会里。我先世以忠厚传家，凡属子孙，务必谦虚乐易，与人无争。不得恃血气以凌人，逞奸诈以滋事，图害邻里，终累身家。若有不肖子弟恃强恃诈，或倚仗族人之势欺侮乡党者，长辈亟戒责。尤宜念睦任恤之风，实为古道。待人务从乎厚，处世毋涉乎骄。至于修桥补路、拯溺救饥、恤寡孤、劝善教不能诸事，凡有益于桑梓者量力行之。生长聚族之邦，其亦共有所赖也夫。

教子弟 子弟以读书明理上，为父兄者必延聘名师，慎择益友，俾得朝夕渐摩，学问有所成就。遇则掇科取第，不遇亦不失为通人⑦。光前裕后之图计莫逾此。其有资质不能读，及力不能读者，则为农、为工、为商，即佣雇营生，亦属正业，总当责以勤俭，教以安分，令其学为好人。切不可任令游手好闲，习致败坏家声。至于富贵之家子弟，性质即有不齐，亦当以师为约束，切勿骄养溺爱，终受败家之害。所谓子孙虽愚，经书不可不读也。

戒习染 习俗之坏人子弟，事不一端。其显者则嫖也、赌也、酒也、烟也，而近年尤有入会、结盟等恶习也。江湖无赖随处煽诱，年轻子弟每为所牵。轻则有玷行为，重则显干法纪，其祸不可胜言。即轻薄之行，狷利[⑧]之语，戏谑、骂詈、欺诞、狂佻[⑨]，市井恶少情形，为大雅所深鄙，亦当引为切戒。至于干预词讼，习以为能，亦非立身之道，曷若不入公门之为愈乎。又隶卒贱役，例不准其子孙与考。凡族中子弟虽至贫困，应不准当差。违者黜之勿齿。

慎婚嫁　玉洁冰清，固称佳偶；荆钗布裙，不失良姻。凡族姓为男配，为女择婚，必须清白之家，门户相当者，方许联姻。不得贪图财物，轻信冰人[⑩]，不辨薰莸，苟且作合。万一误结朱陈[⑪]，使日后儿女竟不齿于乡曲，深为可惜。嗣后如有不分良贱，不论可否与奴隶娼优等为姻者，合族公屏之，不复与齿。

急赋税　践土食毛，自应输赋；急公好义，岂许逋粮？况国家惟正之供，按季征收，如额而止，先后不免。何苦延挨观望，伺候公庭，自取鞭扑耶？凡吾族于本户地丁漕粮各项，须依期投纳。即近年筹饷捐输，亦朝廷万不得已之举，亦不可逾延拖欠。庶催科不扰，门户晏如，岂非乐事？至佃田耕种，亦宜早纳年租。荒歉求减，必须情理相商。族中宜交相劝导，谕以急公。此所谓国课早完，自得至于乐者也。

——摘自“中华梁氏网”

【注释】

①春露秋霜：比喻恩泽与威严，常用在怀念先人。

②属毛离里：比喻子女与父母关系的密切。

③就养无方：侍奉父母无固定的法式。

④长枕大被：比喻兄弟友爱。

⑤同气参商：同胞的兄弟姐妹感情不和睦。

⑥相浃：相互融洽。

⑦通人：指学识渊博通达的人。

⑧狷利：奸诈巧伪以取利。

⑨狂佻：轻举妄动。

⑩冰人：旧时称媒人。

⑪朱陈：两姓联姻的代称。

郑氏家规六条

昔温公有家训之条，马援有子弟之戒，并以家立规，视国立法为倍切焉！家规者，先国法而为用，佐王章之不及也。事不先以家法，而即治以国典，则失之。繁官不凭以家政，而漫律以王法则涉伪。此家法所以由来也。

1. 行莫先而孝悌。仁之实，事亲是也；义之实，从兄是也。不孝不悌者革出，无庸议矣！

2. 二南[①]为风化之原，九族为协和之阶也！尊尊而卑，贰相好矣！无相尤矣！反是律以家规，小则照分赔礼，大则不容与祭。

3. 恶淫为首，郑卫[②]所以示戒也。虽吾家世守伦纲，而家原防于未然，其规不得不立。志曰：乱伦者革出！

4. 有恒产者，有恒心。好博者，即为倾家之兆；喜赌者，即为盗贼之由。赌博者，必先责以父母之不教，而后责以子弟之率不谨。

5. 刚柔相济，乃保身持家之道。好勇斗狠，不惟在家有伤纪，而异姓亦凛父母之危。

6. 一介不取[③]，吾人节操。君子固穷，孔氏素训。诈骗者随事妥议，盗窃者革出。

——摘自《永定郑氏族谱》

【注释】

①二南：指周公、召公及其管辖的地区。

②郑卫：春秋战国时郑国与卫国的并称。

③一介不取：指一点儿小东西也不拿。形容廉洁守法，不是自己应该得到的一点都不要。一介，一粒芥菜籽，形容微小。

谢氏祖训

1. 作善降之百祥，作不善降之百殃。勿以善小而不为，勿以恶小而为之。此四语，当终身服膺。

2. 举止要安和，毋急遽怠缓；言语要诚实，毋欺妄躁率。

3. 见人之善扬之，见人之恶掩之。彼之于我，亦如是矣。

4. 内外亲族，无论尊长同列，皆当以礼接之。毋得简傲笑谑，不恭不敬。

5. 交友所以辅德也。须亲直谅多闻者，远便僻柔佞①者。

6. 治家之余，日取经史、传记、三五百言读之，以养德性，以长识见。毋博弈嬉戏，虚费时日。

7. 作家但得衣食、祭祀、宾客之费无缺，足矣。毋过求盈余，为世所讥。

8. 凡邻里亲故平昔善良，倘有婚姻丧疾应助者，即量力助之。毋慕豪侠之名，轻意肆志，贻忧父母。其无赖之人，当敬而远之，一与交游为患不小。

9. 人之生死，秉于有生之初。世俗愚昧，多倾家荡产听于巫祝，深可悯笑。神聪明正直，岂邀人祭祀以为祸福？戒之！戒之！

10. 田亩差役，承事官府，必诚必信。如有所费量，于人户均取，毋损人利己，暴敛多科。本户钱粮，尤当蚤为完纳。

11. 世之生事诈人者，亦必伺人有过，然后起衅。我若无缺，彼虽凶恶，岂敢凌我谨守礼法之人？

12. 不可习学吏事，为人写状害人，以丁阴谴。

13. 饮酒随量，不可过度，以灭德丧仪。

14. 待奴仆小过，宜以理谴责，毋轻出恶言，非理挞辱②。若有故犯，则重惩不恕。

15. 讨租讨债，宜善言催取。彼贫民岂无羞恶？遽出恶言，在我亦有所不忍。

16. 蚤起夜眠，闻犬吠声即起。有盗徐逐之，勿急追。

17. 日逐衣食及冠婚丧祭、亲故往来，量入为出，务从节俭。毋暗举债息，外示有余。

18. 书画要时时收拾，毋轻假人，俾狼藉毁失。

19. 买田须择有水有佃户处，否则抛荒赔税，贻患子孙。至于卖田之人，定因缺乏，田价宜公平，勿用轻等色银，使其亏损。

20. 营造房屋，先须打点物料完备，又量我衣食有余，方可鸠工③。如轻信他人言，遽兴土木，室成而用竭，悔不可追，大厦尤不可妄建。

21. 四门面湖背海，田亩无多，岁尝缺三月之食。今于秋成时，不拘谷麦，尽力收贮。俟布种时，族党有不足者，平粜与之，免其高价远买。而吾仍不失本资，又可为来年储备之计。

22. 种田养蚕及一切裨益家务者，皆宜留心整理。勤则有余，怠则不足，不能备述，当随时处置。

23. 凡造一应器皿，务从朴素。毋雕刻花卉擅用朱砂，违法费财。

24. 陶朱公云：若要富，养十牝。勤种不如杂养，此之谓也。

——摘自《谢氏家谱》

【注释】

①便僻柔佞：便僻，谄媚逢迎；柔佞，伪善谄媚。

②挞辱：鞭打侮辱。

③鸠工：聚集工匠。

韩氏家训

家为人根，国乃家藩；家国一体，国泰民安。

仁义礼智，诚信轨范；治国平天，齐家务念。

教妇初来，育女闺间；贤良为本，百行孝先。

勤俭如金，优言福添；积善成德，懿行播远。
妇贤夫贵，子孝媳贤；姑嫂弟侄，如亲待见。
睦邻善处，亲扶朋念；体恤礼让，雍容心宽。
人初性近，习而相远；雕则成器，苟纵乃迁。
稚蒙即教，引长励短；循循善诱，晓理笃践。
静敬勤恒，心井达练；格物致知，慎独为然。
检身在外，整齐肃严；持守于内，主一无兼。
行必庄恭，慎言寡谈；见贤思齐，居上要宽。
温恭俭让，与人为善；博施于民，救人危难。
富而不骄，贫而不谄；敬事诚信，护法遵范。
耿洁无疵，尘暮不染；厚德载物，若水上善。
谏长委婉，恭不违怨；敬老竭力，常思安然。
生养恩重，反哺涌泉；家业无争，开创纪元。
曲全枉直，洼盈蔽浅；存己化物，顺其自然。
虚怀若谷，内方外圆；未雨绸缪，行近谋远。
胸怀宏阔，视见开远；文治武功，特立卓然。
唯品是竞，当知高寒；福至心灵，世代圣贤。

——摘自《韩氏家训》

唐氏家训

1. **敦孝悌** 父母之恩永世不忘，惰肢纵欲致冻蚀父母之忤逆之子，天理不容。至于兄弟，同气异形，须休戚相关。勿听妻言而伤骨肉，勿争家产而弃手足，斯兄弟翕[①]而父母顺矣。不孝与不悌相因。若族内有不孝不悌之子，本房不得隐瞒，赴告公祠，治以家法，如再不悛[②]，共同鸣官究之。

2. **笃宗族** 书先睦族，礼重敬宗。虽别派而分支，实同源而共本。宜推乃祖乃宗之意，常念一家一姓之亲。置义田以赡贫穷，思留奕叶[③]；

修家谱以联疏远，爱及云礽。务期永息争竞，须要长关休戚。

3. **和族党** 五族为党，五州为县。人有亲疏，概给之以温厚；事无大小，皆处之以谦冲④。毋因小失微嫌，遂至耗财结怨。庶相资相让，共成姻睦之淳风；无仵无争，长享盈丰之福泽。

4. **睦夫妇** 良缘素缔，佳偶天成。整服如宾，何曾之风流宛在；下妆答拜，樊英之雅范犹存。雨泽降本阴阳和，斯言可信；家道成由夫妇睦，此语非虚。宜鼓瑟而戈雁。

5. **肃内外** 人之亲疏有异，门之内外攸分，亲者严疏者宽。或男或女，固以杂坐为耻；非丧非祭，犹以授器生嫌。嫂叔姊妹之伦，贵词严意正；绣阁厅堂之地，宜掩面低声。惟家庭无秽污之行，斯族党有清高之誉。

6. **崇节俭** 天之生财有限，人之支用无涯。丰熟难期，漫诩篝车满足⑤，骄奢易入，毋令钱谷空虚。衣服不可过华，唯求蔽体；饮食无容厚味，止取充肠。须流福泽于将来，更惜勤劳于往日。成由节俭，败由奢。

7. **谨交游** 诗歌伐木，易系同人。谈笑少良朋，渐染致身心之累；往来多好友，切劘⑥为学问之资。闻香闻臭攸分，须严所入；为漆为丹有别，务审所藏。尚其注意端人，切莫攫情败类。近朱者赤，近墨者黑。

8. **择婚配** 礼垂合体，诗咏好逑。果是佳儿择配，须求淑媛如玉娇女，相攸⑦必选才郎。高门可结朱陈，宜详谱牒；薄族堪联秦晋，勿计聘仪。要严良贱之分，莫启参商⑧之局。结坏一门亲，贻误三代根。

9. **时嫁娶** 男思有室，女愿有家，毋使愆期。古人壮岁是期，或生旷怨⑨；今世童年为则，每损元阳。须裁礼制以适仪，毋逐俗流而逾限。

10. **重祭嗣** 丰姿虽古，木主犹存。卜日而启寝堂，宜严洒扫；因时以陈品物，务备丰隆。具醉兴歌，勿俾抱馁⑩而之痛；莫衍致咏，尚其尽如在之诚。须追我列祖精灵，勿视为后人故套⑪。

11. **修家谱** 祖宗择土金邑，创业之甚广，唐姓之渊源弥长，恐就湮于此际。故修谱于今时，我既修辑维殷，尔其珍重常看。藏诸柳箧，勿令硕鼠之伤；熏以芸香，莫共虫鱼之饱。

——摘自《晋昌郡永定虎岗唐氏族谱》

【注释】

①蓊［wěng］：原指草木茂盛，文中比喻兄弟情谊浓（和睦）。

②不悛：坚持作恶，不肯悔改。

③奕叶：累世，代代。

④谦冲：比喻谦虚谨慎，自我克制。

⑤漫诩篝车满足：随意说出收成丰足的大话。篝车满足，指粮食装满竹笼、装满车。篝，竹笼。

⑥切劘［mó］：切磋相正。

⑦相攸：择婿。

⑧参商：指参星与商星，二者在星空中此出彼没，彼出此没，古人以此比喻彼此对立、不和睦、亲友隔绝、不能相见、有差别、有距离。

⑨旷怨：指女无夫，男无妻。

⑩抱馁：抱着饥饿。

⑪故套：陈规；俗套。

冯氏家规二十六则

1. **孝父母**　儿生父母视如珍，酷暑严寒倍苦辛；一刻那忘心滴血，千方惟冀子成人。孩童嬉笑犹如慕，长大经营不认真；白发枯躯来日蹙，劬劳罔极报双亲。

2. **笃友恭**　兄弟相亲孰等伦，经营多变气远通；身边手足联筋络，树上枝桠共本丛。急难维持方有济，阋墙御侮岂无戎？友生纵是恩情洽，哪比同胞性至融。

3. **守国法**　人生需守事凡多，处事持躬总贵和；法律顺行行不紊，乡村至乐乐如何。常将种植勤操作，惯把诗书细揣摩；忍气奉公无懈怠，怀刑胡畏政求苛？

4. **睦宗族**　九族原来一本分，好昭雍睦气如熏；尊卑长幼无相越，富贵贫穷也共服。服内至亲当切念，宗同虽远应殷勤；陈东张艺堪矜式，

史册流传百代芬。

5. **和乡党**　乡党姻邻谊匪轻，好将淑气喜逢迎；老成硕彦[①]须亲敬，流俗睚眦[②]莫与争。遇事温恭频晋接，须知机巧久相倾；得偿行笃言忠味，漫道蛮邦不可行。

6. **训读书**　凡人乐得父兄贤，课读诗书习礼仪；上达总由求学至，中材定要用心坚。功多积累名多就，玉不磨砻美不全；曾计韦长常教子，遗经一卷当千田。

7. **勤耕织**　国家自古重农桑，衣食无虞不怠荒；男力耕耘女纺绩，幼欣饱暖老安康。饥餐玉粒来风雨，寒暑丝棉出篚筐；一室丰盈观聚会，嬉游鼓腹乐陶唐[③]。

8. **重冠昏**　冠为古礼戒成人，当世儒家少讲论；养女及笄宜择配，育男长大应求婚。厚奁莫计祈媛淑，重聘何需选婿惇；我族保无同姓娶，后来嗣续自昌荣。

9. **谨丧祭**　谨慎人生一大纲，须知与祭与居丧；亲没故宜哀致尽，祈先只贵敬维常。浮屠风水皆迷信，春露秋霜应肃将；惟在竭诚勤拜跪，子孙百世定蕃昌。

10. **肃家范**　男有室来女有家，纲纪不正慝必斜；闺门肃若朝廷美，妇孺严无惰慢嘉。易载象词毋失节，书云守约谨奢华；范围莫越师敦厚，裕后承前永足夸。

11. **慎交友**　结交须慎择良朋，善则从之过则惩；直谅多闻为己益，辟柔便佞损吾贞。陈雷契好[④]如胶漆，尔我相仇若炭冰；久敬圣钦齐晏子，淡成甘坏寸衷凭。

12. **端品行**　大凡子弟好轻狂，终日流连荒与忘；掷骰只贪孤注位，探花无厌尽倾囊。自鸣快意欢娱极，人嫉卑污品行亡；我劝族中诸后辈，四箴常懔贵端庄。

13. **息争讼**　与人好讼必多凶，兄弟官司更不容；毋论输赢皆手足，须知玷辱共亲宗。鼠牙雀角[⑤]终无益，狴狱狼刑也任从；子怨妻埋尤荡产，荒芜正业悔捶胸。

14. **尚忍让**　一言不忍惹人嫌，万事无争是我谦；唾面自干诚足式，怀刑安分更堪瞻。许多构讼因些小，每见凶殴起细纤；学到娄师公艺德[6]，迩遐应接若甘甜。

15. **遵俭约** 守约从来获永嘉，尤知尚俭欠荣华；三浣惜裘唐晋主，御寒充腹相侯家。石崇侑酒无穷侈，何子餐钱太极奢；富贵贱贫男妇辈，恪遵二字乐靡涯。

16. **绝骄矜** 贵多忿戾[7]富多骄，学到谦恭受益饶；重己轻人人共嫉，虚怀下气气相调。姬公才美犹然逊，石子雄豪立见消；不解青年浇薄[8]辈，胡为逞势首翘翘？

17. **别男女** 操持家政是奇男，内务皆由妇独担；出入混淆当切戒，公私物议[9]实难堪。聚麀[10]同室干天怒，叔嫂完房惹自惭；暗地亏心神目电，别人妻女不容贪。

18. **儆懒惰** 懒惰焉能福长久，不谋正业任抛荒；耕耘竭力饔餐[11]继，诵读惟勤姓字扬。饕餮[12]因循衣食窘，嬉游罔厌性情戕；寸阴古圣无虚度，我等尤宜爱惜光。

19. **禁洋烟** 纸烟宜禁盛洋烟，多少英雄入此迷；初吃时方寻乐地，谁知日久害靡天。荒芜职业阴阳变，虚度韶华昼夜眠；火炮枪锤都不畏，家倾之后受煎熬。

20. **戒赌博** 喝雉呼卢[13]是祸胎，千金一刻化成灰；俨然富贵浮华客，顷作贫寒下等才。祖父百年勤积累，儿孙孤注不徘徊；衣衫褴褛终无靠，失限妻孥[14]泪满怀。

21. **警盗窃** 荒怠原为窃盗媒，也因赌博结群来；治生本有谋生事，处困须求济困才。种地耕田都获利，佣工贩卖亦招财；自甘匪类多遗臭，孝子慈孙赎不回。

22. **惩堕溺** 堕胎溺女恶刁风，天地神明暗必憎；饮食所需惟乳哺，衣衾不过避寒羞；鳝怜腹子甘汤死，鸟恋雏巢受戈薨；国设育婴犹恻忍，为人父母更宜惩。

23. **严奢侈** 极情奢侈过时光，只恐浮华享不长；饮食但求饥渴免，衣裳何用锦纨装？锱铢积累成家子，万贯消融落魄郎；直待阮囊羞涩候，始知豪兴悔倾筐。

24. **远酒色** 从来酒色最迷人，远此方能福寿臻；桀纣昏庸倾国祚，女男浪荡倾家贫。青年壮士宜严戒，白发衰翁应惜身；莫好香醪淫与欲，

出门谁不见如宾。

25. **奖善行** 名成行善匪凡民，国赏簪缨⑮族奖银；有待英贤作矜式，劝惩顽梗⑯化心身。若夫节妇当旌表，更要承宗择孝仁；厉俗端风谁不重，况同一本最相亲。

26. **循祠规** 家约宜守训宜遵，唯有祠规应更循；祭物务祈精洁美，衣冠无论朴华新。春秋祀祖昭诚敬，肃静迎神贵清晨；老少馂余依次坐，宗堂整饰戒犅⑰陈。严惩盗卖贪金嗣，禁伐公山坟境薪。欺幼慢尊加警触，求婚选婿莫嫌贫。岁租谷粟清明缶，算账盈亏逐日申；经营择贤殷实辈，照名领谱爱如珍。三年盖戳均须计，生没咸登墨册真。我族修谱经费浩，仍从源远别疏亲。

——**摘自《冯氏家规》**

【注释】

①硕彦：指才智杰出的学者。

②睚眦［yá zì］：指极小的仇恨。

③陶唐：古代传说中的圣主，借指开明盛世。

④陈雷契好：借指挚友的情谊。

⑤鼠牙雀角：原意是因为强暴者的欺凌而引起争讼。后比喻打官司的事。

⑥娄师公艺德：指唐朝宰相娄师德和郓州寿张人张公艺。两人均以“尚忍让”而闻名于世。

⑦忿戾：蛮横无理，动辄发怒。

⑧浇薄：不淳朴敦厚。

⑨物议：众人的议论，多指非议。

⑩聚麀［jù yōu］：指两代的乱伦行为。

⑪饔餐［yōng cān］：指饭食。

⑫饕餮［tāo tiè］：是一种上古神兽，食量巨大。

⑬喝雉呼卢：泛指赌博。呼、喝：喊叫；卢、雉：古时赌具上的两种颜色。

⑭妻孥：妻子和子女的统称。

⑮簪缨［zān yīng］：古代达官贵人的冠饰。借指高官显宦。

⑯顽梗：愚妄而不顺服；非常固执。

⑰觕［cū］：同“粗”。

萧氏家训

教父母 人子之身，本乎父母；未离怀抱，三年劳苦。恩斯勤斯[①]，维恃维怙[②]；孝道有亏，百行难补。

和兄弟 孔怀兄弟，一脉所生；手足之谊，羽翼情深。兄当爱弟，弟宜恭兄；埙篪协奏，和乐有声。

别夫妇 男女居室，人之大伦；附远厚别，礼经所申。夫妇义顺，父子相亲；举案齐眉，敬待如宾。

序长幼 乡党长幼，义在和平；年长以倍，父事非轻。十年以长，兄事有情；应对进退，莫涉骄盈。

睦宗族 譬诸草木，宗族宜敦；千枝万派，同一本源。何远何近，谁卑谁尊；相亲相睦，推德推恩。

训子孙 子率不谨，父教不先；放辟邪侈[③]，起于英年。严禁非为，子孙乃贤；诗书执礼，孝悌力田。

勤职业 天生四民，业各有常；士谋道艺，农望收藏。作为在工，贸易维商；心安固守，无怠无荒。

明利义 天地之间，物各有主；非吾所有，一毫莫取。见得思义，圣贤训诂；浊富一时，廉名千古。

守官箴 幸登宦籍，须敬官箴；清慎与勤，三字思忱。致君在身，泽民在心；勉尔后生，贪墨谁饮？

——摘自“萧氏家谱网”

【注释】

①恩斯勤斯：指父母尊长抚育晚辈既慈爱又辛劳。

②维恃维怙：恃怙是母亲、父亲的代称。

③放辟邪侈：指肆意作恶。

程氏家训

（宋·程颢）

父慈子孝，兄友弟恭。夫妇和，朋友信。见老者敬之，见少者爱之。有德者年虽下于我，我必尊之；不肖者年虽长于我，我必远之。勿谈人之短，勿矜己之长。仇者以义解之，怨者以直报之。人有小过，以量容之；人有大过，以理责之。勿以善小而不为，勿以恶小而为之。处公无私仇，治家无私法。勿损人利己，勿嫉贤妒能。见不义之财勿取，遇义合之事则从。崇诗书，习礼仪，训子孙，宽奴仆。守我之分，听我之命。人能如此，天必从之。此常行之道，不可一日无也。

——摘自“程氏宗亲网”

曹氏家训

十要

一要忠国家　　二要爱社会

三要孝父母　　四要兄弟和

五要尊上辈　　六要讲文明

七要勤耕读　　八要为人民

九要守法度　　十要政廉明

十禁

一禁伦理乱套　　二禁苟合成婚

三禁腐化堕落　　四禁勾盗结贼

五禁欺弱侮少　　六禁乱挖坟茔

七禁生事好讼　　八禁赌博酗酒

九禁拖欠粮资　　十禁好逸恶劳

——摘自《永定曹氏族谱》

袁氏家训

1. **敦孝悌**　孝悌为百行之原，凡人一生事业莫不由孝悌以植其基。盖自天子以至庶人，皆不外乎亲亲长长之道。故必劬劳是念，承色笑于晨昏，兄弟孔怀，叶[①]埙篪[②]于伯仲，宜无忝于名教，乃不愧为完人。

2. **睦宗族**　家有宗族，虽支分派别亲疏不同，而以祖视之则无不同也。故人之待宗族也，勿因富而欺贫，勿以卑而犯尊，男女长幼尤当内外有别，喜则相庆，戚则相怜，患难相通，有无相顾。洵能近乎和宗睦族之道，乃不失其尊祖敬宗之心。

3. **勤祭扫**　祖宗之祠坟，祖宗之形骸寓焉。人苟但知爱其父母而略乎祖宗，曾亦思古人入庙思敬、过墓生哀乎？故必春秋修祖庙、扫坟茔，以崇隆其祀典，虽百世之远，无难致敬致诚以感格焉。先灵在上无怨无恫，有不欣欣佑我者乎？

4. **端品行**　品行宜端，立身之要道也。律条正己，斯足取信于人。族邻亲友，皆宜以礼相接，以义相持，毋矜才以傲物，毋利己以损人。庶淳良之风可致，而休美之俗[③]堪嘉也。

5. **务职业**　人生各有职业，士农工商分为四。虽人有智愚不能强同，然不能为士则为农，不为工即为商，是皆各所当务，宜各行其所事也。外此则属游惰者流，一贻祖父之羞，一背圣王之教。凡我族人亟宜自省，毋弃本业而作非分之营求，毋逞私智而生侥幸之意计。

6. **戒奢靡**　人生宜勤而亦宜俭。古人云：食之以时，用之以礼。诚以天地之生财有限，不可不深为爱惜者也。尝见豪华之子，不知物力艰难，任意奢侈，不转瞬而遗业消亡，其不至玷身辱亲也几希矣！此诚所宜急戒者，愿吾族人其共鉴之。

7. **正嫁娶** 夫妇为造端之始，闺门属王化之原。其权虽系之天，而择配实由乎己。尝见人之于嫁娶也，贪富贵而轻德行，不论清浊而定婚姻，遂至有配匹不均进退狼狈者。故凡婚配宜慎其阀阅④相当，究其源流清白，庶免悔及终身、玷辱家声之虑已。

8. **禁嫖赌** 天地间万恶淫为首，诸禁赌居先。嫖赌二者，不惟败节污名，而且丧身殒命。每见嫖赌之辈，始则荡田产，继也害身家。为娼为盗，玷辱祖先，原其初实自嫖赌始。此则所当严禁，断不可姑宽容纵者也。

9. **息争讼** 讼者人生最不幸之事，原非可以矜才逞气者也。夫人有争讼，其胜负犹待异时，而目前衙役胥吏，既费酒食银钱且受呵喝责骂，有求于彼无不隐忍。独不思今所与讼之人，非家庭亲戚即交结朋侪，苟能以忍受役吏之气，忍于亲朋之前，则邻里称为推让，乡党道其善良，岂不美哉？

10. **珍宗谱** 谱所以萃一姓之宗支，源流本末具载于斯。谱在此，祖宗即在此也。既已各照字号编定，自宜珍重贮藏。谱存而支分派别百世堪稽，即岁易时移而万年如故。必须老成谨慎，勿令笔墨更改，轻与外人观看，致令毁坏卷牒，有亵祖宗。慎之，慎之！毋忽。

——**摘自《袁氏祖谱》**

【注释】

①叶［xié］：和洽。

②埙篪［xūn chí］：埙、篪，是两件形制各异的乐器。比喻兄弟。

③休美之俗：善良美好的风俗。

④阀阅：指门第、家世。

邓氏家训八则

治国之道，有法有戒，所以明典则昭惩创也。而治家亦无不然，先父型家最严，尝取朱子所亲书于学宫者，列为八则。八则之外又有六戒，予只承庭训，著为家规数条，俾后嗣有所率循，罔敢逾越。今谱已告成，故登之谱牒。凡我族人朝夕观览，或于心身有所补云。

1. **事亲以致孝** 孺慕之爱非由人为，一本之恩出自天性。人惟世途之变迁愈多，故至情之纯笃愈少。更其甚者漂泊他乡，枉念高堂白发。眷恋衾枕，惟惜秀阁红颜；朝饔夕飧，聊具一日之菽水；晏眠早起，谁念终夜之寒温？亲母固已如此，继庶由所难言。虽申生见谗于骊姬，千古饮恨；而闵子眷怀于继母，万世垂芳。为人子者，胡弗念焉。若夫立行修身而显身扬名，慎终追远而尽哀尽礼，尤为人所宜自致。

2. **从兄以明弟** 长幼之节，人所共知。友恭之谊，昔所众著。慨自角弓[①]载咏，而兄弟相远；棠棣[②]哀告，而手足抱痛。溯所由来，匪由家资以伤天伦，则听妇言而乖同气，遂有视其兄如路人，视兄嫂为仇者矣。吾不知今之为人弟者，亦尝念田氏之风[③]，而兴感于紫荆之摧萎；读花萼之句，而抱歉于大被之生寒否耶[④]。

3. **尽己之谓忠** 圣门教人，惟忠与恕。曾子自省，戒谋不忠。故四教[⑤]则文行贯以忠也，九思[⑥]则出言必以忠也。人不忠诚于物，田有违于己。多不尽内而事亲从兄，非真孝子；悌弟外而事君交友，非真忠臣良士。盖此忠一亏，事为皆虚。试观武侯之尽瘁鞠躬，文山之成人取义，考古者不以成败论，亦知其心之已尽耳。人欲景仰前徽，不愧寸衷，奈何弗忠？

4. **以实之谓信** 夫子曰："人而无信，不知其可。"孟子曰："君子不亮恶乎，执诚言信之不可无也。"夫人之有信，如五行之土，春生夏长，秋收冬藏，历寒暑而不爽。人能诚信无二，坚如金石，应若风雷，千里之外无弗应矣。昔朱子只要季路一言，巨卿不爽张邻之一约，季扎之插剑于墓，阎厂之完钱于孤。载之史册，千古不磨。信知于人何如哉！

5. **礼所以别上下正名份** 一家之中，若长若幼，若尊若卑，秩固天然莫可淆，序亦鳌然莫可紊。世族之家，鲜克由礼，而末俗崇尚佛老。冠婚丧祭多不孝礼，以致长幼、尊卑、日用罔所率循。伏读三礼及朱子家礼一书，条分缕晰，人能遵而行知，将见父父子子、夫夫妇妇、兄兄弟弟，家道成而百度得其理矣。否则相鼠贻讥，可不慎欤？

6. **义所以决是非定可否** 凡人生出处去就，辞受取与，莫不有义。

义者，事之干也。人惟为义所诱、为事所屈，遂致贪昧隐忍，罔顾名义。诚能于出处去就、辞受取与之间，审其是非决其可否，斟酌停妥以定行止，断无有临事迟疑、遇事苟且者矣。试观伊尹之千驷弗顾，一介惟严；孟子之百镒不受，万钟莫留；关圣帝之曹归汉，爵禄不以撄心；颜常山之骂贼不屈，死生不以易节。其大义凛然如此。人当于此中吃些辛苦，方为守义之士。

7. **分辨之谓廉** 从来贪者无别，廉者有辨。行贪则污，行廉则洁。古今来，人无贤不孝，孰不恶贪而爱廉。而每避洁而行污者，无他利欲关头打不破，故卑污苟贱所弗顾耳。前世如首阳高卧，足以振起顽懦⑦；后世如公仪悬鱼、子罕却玉、杨震辞金、管宁挥锄，生平节概于此。可见人能守此，在家不愧为廉士，在国不愧为廉吏。子孙相承，为清白之家，非传家之至宝哉？吾愿子孙，谨操守而持廉洁。

8. **行己之有耻** 人生事业学问，多成于有耻而败于无耻。无耻则卑污苟且，机械变诈无所不至；有耻则激励奋发，学问事功皆不可量。若伊尹耻其君不为尧舜之君，耻其民不为尧舜之民；勾践耻其身之请为臣，妻之请为妾。他如，乐羊弃学，因妻之耻遂卒业而成名；齐御骄态，因妻之耻辄敛抑而为大夫。是皆耻之所成。若夫左右异态，或摇尾以乞怜，或舐痈以舔痣，身为丈夫，行同妾妇，无耻已极，纵或稍得寸利，何以型家？吾愿良家子弟，务宜知耻。

【注释】

①角弓：《诗经·小雅》中的一首诗。全诗共八章。首章“骍骍角弓，翩其反矣”，用角弓不可松弛，暗喻兄弟之间不可疏远。

②棠棣：古诗《棠棣》是周人宴会兄弟时，歌唱兄弟亲情的诗。

③田氏之风：古时，京城地区田真兄弟三人分家，别的财产都已分妥，只剩下堂前的一株紫荆树未分。兄弟三人商量将荆树截为三段，那棵紫荆树突然枯死了。田真十分惊愕，对两个弟弟说：“树本来是同根，听说将要被砍后分解，所以枯焦，这是人比不上树木呀。”于是不再分树，树听到田真的话后立刻枝叶茂盛，田真兄弟大受感动，于是就像当初那样和睦。

④花萼之句：《诗·小雅·常棣》："常棣之华，鄂不韡韡。凡今之人，莫如兄弟。"萼和花同生一枝，且有保护花瓣的作用，故后常以"花萼"比喻兄弟或兄弟间和睦友爱的情谊。大被，宽大的被褥。比喻兄弟友爱。

⑤四教：旧时的四项教育科目，所指因教育对象而异。孔子以文、行、忠、信为教人的四要目。

⑥九思：出自《论语·季氏篇》，即：视思明，听思聪，色思温，貌思恭，言思忠，事思敬，疑思问，忿思难，见得思义。

⑦顽懦：贪婪懦弱。

邓氏家规六戒

一戒怠惰　先王驱游惰而归之农，崇本业也。人不务本衣食何求？近见人家子弟，不仕不农，不商不贾，游手好闲；日则三五成群，东奔西逐，夜则比间交欢，道长说短；红日高上，尚卧内床；金鸡唱午，方醒睡眸。以致家业萧条，妻子无靠。所谓懒惰成饿殍，此之谓也。兴言及此，偷惰宜戒。

二戒奢侈　古昔盛世，敦崇节俭，上自君公，下逮氓庶，无不务本。节用衣冠，宫室有定制也；仆从车马，有定饰也；婚姻丧葬，有定礼也；宴宾招客，有定数也。而且丰年则如其礼，凶年则杀其礼，以致人心古朴，风俗淳厚。今也尚文贱质，好奢恶俭，豪华之家恣为侈肆，贫窭之族喜为效颦，口鱼肉而身紬帛。风俗如此，尚何有余一余三①之庆乎？古论云：从俭入奢易，由奢入俭难。吾愿子弟以奢侈为戒。

三戒赌博　在昔成周取士，孝弟力田。以故耕田凿井，牵车服贾，春诵夏弦，各事本业，比户可风②。近见豪华子弟，以看赌为生涯，以博弈为正事，牧奴共戏，浪子相邀，或瓦注或钩注或金注，遂成孤注之危；或投椟或投雉或投卢，难救投钱之败。百万轻于一掷，十千不值半文。大则荡产破家，旋登饿鬼之乡；小由欠债经官，辄作囹圄之客。伏读律令：造

买者发远方，窝藏予流杖。无益之事，莫此为甚，吾愿聪明子弟早早回头。

四戒淫从 饮食男女，人生大欲所成；内外嫌疑[③]，人伦至教所著。故夫妇有别，王化起于关雎；礼教不修，风俗败于鹑奔[④]。以至闺阁贻羞，廉耻道丧。富豪之子因色亡身；俊秀之儿贪花丧命。《西厢曲》《红梅记》皆导淫之书；《感应篇》戒淫说，乃垂训之旨。人能洗涤邪志，不遂风月烟花，庶几遵行正道，不欺暗室屋漏[⑤]。语云：百行孝为先，十恶淫为首。有志励行者，尚同一鉴。

五戒酗酒 酒以合欢介寿[⑥]，必称兕觥[⑦]。醉而丧德，沉湎由于贪杯。故周礼有酒正之官，宾宴有监酒之史。近见酗酒狂呼，罔故性命。未赋青莲[⑧]之百篇，辄致淳于之一后，催花擂鼓，昏昏祇在醉乡，架马猜拳，沉沉惟期长夜，不知杯中月终是伐性斧，山中味乃是腐腹菜，兼以醉后贪花，虚劳力竭，席前论事，摩手擦拳。总之，无益于身命，切勿贪乎香醪。

六戒横暴 让畔让路，古之遗风；不乱不争，圣有明训。近见今日子弟，一言不合怒气相加，三戒不循，捐生不顾。或恃族强，或倚人众，或挟势以凌人，或负性以傲物，或藉力以夺人之有，或逞忿以济己之穷。讵知骂人，虽或不怒，杀人必致抵偿。既蔑礼法，定罗王章。君子自反为仁礼，尔何甘心为禽兽。吾愿负血气者，切勿蹈此。

——摘自南康《邓氏家训》

【注释】

①余一余三：指连年丰收，家有储粮，国库充盈。

②比户：家家户户；可风：可为风范。

③嫌疑：指疑惑难辨的事理。

④鹑奔：《诗·墉风》篇名《鹑之奔奔》的略称，因《鹑之奔奔》系刺宣姜与公子顽之淫乱事，故后以“鹑奔”为“私奔”义。

⑤暗室屋漏：指别人看不见的地方，隐私之处。

⑥介寿：祝寿之词。

⑦兕觥［sì gōng］：古代盛酒或饮酒器。

⑧青莲：指李白。

许氏祖训

凡为子孙，父慈子孝，兄友弟恭，夫正妇顺。内外有别，尊卑有序，礼义廉耻，兼修四维①。士农工商，各守一业。气必正，心必厚，事必公，用必俭，勤必端，言必谨。事君必忠敬，事亲必尽孝。祀祖先必不失，巡祖墓切不废。居官必廉慎，宗族必和睦。人非善不交，物非义不取。毋近声色，毋溺货利，毋亲丧不葬，毋细行不矜，毋信妇言伤骨肉，毋言人过长薄风，毋忌嫉贤能，伤人害物；毋出入官府，营私召怨；毋奸盗刁诈，饮恨②斗讼；毋坏名丧节，灾己辱先。善者嘉之。贫难、死丧、疾病，周恤之。不善者劝诲之；不改者与众绝之，不许入祠堂，以绵诗礼仁厚之泽。敬之！戒之！毋忘。

——摘自《许氏族谱》

【注释】

①四维：指礼、义、廉、耻。

②饮恨：心怀怨恨。

傅氏家规十条

笃忠敬言：急公守法，完粮息讼诸事。

敦孝悌言：事亲敬长，敦宗睦族诸事。

营生业言：士农工商，各执其业诸事。

笃教学言：养不废教，作养人才诸事。

慎丧祭言：慎终追远，且尽诚敬诸事。

厚风俗言：吉凶庆恤，孤寡宜体诸事。

慎婚姻言：娶妻嫁女，咸宜审择诸事。

敦和睦言：捍患御灾，协力同心诸事。

严内外言：治内治外，不可易位诸事。

言杂禁言：奸盗赌博，谋占欺吞诸事。

——摘自《蛟洋傅氏族谱》

沈氏家训

释孝　为人子，孝于亲；子不孝，已生嗔[①]；己不孝，宜自惩。父母在，奉鸡豚；非为养，色笑承；显父母，立功名。身不辱，亲有荣；亲没后，莫久停；要择地，先择心。祖虽远，祭必诚；祀祠庙，如事生；作榜作，教儿孙。

释悌　最难得，唯兄弟；如手足，不可废；古夷齐，让国位。其次者，张公艺；不分居，凡九世；田氏分，荆树悴。今之人，不知悌；争启端，多因利；为财产，伤同气。最不肖，兴讼事；将银钱，饱胥隶；若此行，非人类。

释忠　何谓忠，在中心；为国事，忠于民；人不一，心无分。循天理，顺人情；便是忠，宜体行；为人谋，必尽诚。人重托，我担承；要始终，不负人；人有善，扬其名。人有恶，舌宜扪；存忠孝，与儿孙；忠良子，鬼神钦。

释信　何谓信，在人言；一言出，不可忘；千斤重，九鼎传。昔仲路，孔门贤；无宿诺，信义全；处朋友，信为先。其患难，生死连；家庭内，信宜兼；托孤幼，宗祀绵。死者话，犹生前；欺诬泯，许为捐；人若此，庶近焉。

释礼　敬天地，祀神明；守国法，涉春冰；尊祖先，孝双亲。修坟祠，奉尝烝[②]；敬高年，重师人；衣冠楚，文质彬。别长幼，辨尊卑；谨夫妇，明人伦；既同姓，不配婚。遵周礼，人人行；一礼字，抵千金；人无礼，兽与禽。

释义 见义在，便当行；居国土，沐皇仁；完国课，莫逡巡[③]。处骨肉，及姻亲；若宗族，若乡邻；拔穷困，悯零丁。修路渡，架桥亭；施茶汤，便行人；凡美举，赞其成。力有余，捐尝烝；置学田，培文人；一义字，亘古今。

释廉 人非蚓，饮黄泉；谋衣食，也需钱；取有道，不伤廉。有执业，得自全；工商次，耕读先；勤和俭，抵万金。富有命，听自然；非我有，勿垂涎；义与刑，须衡权。最不肖，侵尝田；私囊饱，喜翩翩；若此者，罪弥天。

释耻 言在耳，记在心；一耻字，宜认真；人无耻，便辱身。男盗窃，女娼淫；其次者，为优伶；若皂隶，失其伦。辱宗祖，玷子孙；三代后，难荣求；有犯者，宜改行。不知耻，谱除名；去稂莠，不徇情；训八条，仔细听。

——摘自《永定沈氏族谱》

【注释】

①生嗔：生气、发怒。

②尝烝：本指秋冬二祭。后亦泛称祭祀。

③逡巡［qūn xún］：有所顾虑而徘徊或不敢前进。

曾氏祖训十则

1. **孝父母** 人子之身，本乎父母；未离怀抱，三年辛劳；提携捧抚，绯恃维怙；孝道有亏，百行难补；羊能跪乳，乌有反哺；勉尔后生，悖逆为何？

2. **睦兄弟** 孔怀兄弟，一脉所生；手足至谊，羽翼深情；弟恭兄友，尊卑相敬；埙篪[①]雅奏，和乐有声；兄弟情融，田氏荆荣；勉尔后生，毋生嫌隙。

3. **和夫妇**　夫妇居室，人之大伦；夫为妻纲，礼经所申；妇主中馈，内助殷勤；毋伤反目，毋玷家声；家道乃成，如鼓琴瑟；勉尔后生，诗咏雎麟②。

4. **序长幼**　乡党长幼，年长以敬；尊辈持身，义在和平；祖辈先训，应记心铭；授业为师，要听之命；尊宗序长，语言必诚；勉尔后生，切记永铭。

5. **尊宗亲**　水源木本，宗族宜敦；千系万枝，同出一根；何远何近，均是同本；崇宗睦族，派字遵循；家规祖训，应记应铭；勉尔后生，古风永存。

6. **严内外**　凡为宫室，内外必分；男女有别，授受不亲；嫌疑须避，约束严明；防微杜渐，寡欲清心；三姑六婆，断绝逢迎；勉尔后生，聿著仪型。

7. **训子孙**　子辈不谨，父教不严；放荡邪言，起于英年；圄禁非为，子孙乃贤；诗书执礼，孝悌力田；自少养性，习惯自然；勉尔后生，勿稍忽焉。

8. **勤职业**　天生四民，业务有主；士谋道艺，农望收藏；作为在业，贸易惟商。心安固守，勤力兢业；立世有本，处世亦良；勉尔后生，毋怠勿荒。

9. **明义利**　天地之间，物各有主；非吾所有，丝毫莫取；勤能补拙，俭可助廉；圣贤训诂，廉洁处世；盗跖贪污，切宜刻责；勉尔后生，永记肺腑。

10. **慎官守**　幸登仕籍，须慎官箴；清洁为民，三省思深；勤慎廉洁，四言谨记；正君在身，泽民在心；孟尝还珠③，杨震却金④；勉尔后生，贪取谁钦？

——摘自《永定月流曾氏族谱》

【注释】

①埙篪［xūn chí］：古代两种乐器，二者合奏时声音相应和。比喻兄弟亲密和睦。

②雎麟：用于祝颂子孙众多、人丁兴旺、多子多福。

③孟尝还珠：孟尝任合浦太守，其地盛产蚌珠，由于前任贪索不已，致使蚌珠移徙，人民困苦不堪。孟尝到官，改革前弊，为政清廉，结果去珠复还，百姓安居乐业。

④杨震却金：杨震任荆州刺史时，因王密才华出众，便向朝廷举荐王密为昌邑县令。杨震调任东莱太守途经昌邑，王密亲赴郊外迎接恩师。晚上王密前去拜会杨震，临走时王密从怀中捧出黄金放在桌上，说："恩师难得光临，我准备了一点小礼，以报栽培之恩。"杨震说："以前正因为我了解你的真才实学，所以才举你为孝廉，希望你做一个廉洁奉公的好官。可你这样做，岂不是违背我的初衷和对你的厚望。你对我最好的回报是为国效力，而不是送给我个人什么东西。"王密说："三更半夜，只有我知、你知。不会有人知道的，请收下吧！"杨震严肃地说："你这是什么话，天知，神知，我知，你知！你怎么可以说，没有人知道呢？没有别人在，难道你我的良心就不在了吗？"王密顿时满脸通红，赶紧溜走。

彭延年家训

（宋·彭延年）

诰尔子孙，诫尔子孙：原尔所生，出我一本。虽有外亲，不如族人。荣辱相关，利害相及。宗谊为重，财器为轻。危急相济，善恶相正。为父者当慈，为子者当孝。为兄者宜爱其弟，为弟者宜敬其兄。士农工商，各勤其事。冠婚丧祭，必循乎礼。乐士敬贤，隆师教子。守分奉公，及人推己。闺门有法，亲朋有义。立行必诚而无伪，御下[1]必恩而有礼。务勤俭而兴家庭，务谦厚而处乡里。毋事贪淫，毋习赌博。毋争讼以害俗，毋酗酒以丧德。毋以富欺贫，毋以贵骄贱。毋恃强凌弱，毋欺善畏恶。毋以下犯上，毋以大压小。毋因小忿而失大义，毋听妇言以伤和气。毋为亏心之事而损阴骘[2]，毋为不洁之行以辱先人。毋以小善而不为，毋以小不善而为之。毋谓无知，冥冥见晓；毋谓无人，寂寂闻声。依我训者，是其孝也，我其佑之。违我训者，是不肖也，我其覆之。不惟覆之，令其绝之。子子孙孙，咸听斯训。

【注释】

①御下：上级对下级的治理。

②阴骘：阴德。

彭氏家规

尊祖敬宗，和家睦族，毋致因利害义，有伤风化。
祠宇整修，春秋祭祀，毋致失期废弛，有违祖训。
各宗坟墓，山林界址，毋致缺祀失管，有被占据。
读书尚礼，交财尚义，毋致骄慢啬吝，有玷家声。
富勿自骄，贫勿自贱，毋致恃富疾病[①]，有失大礼。
婚姻择配，朋友择交，毋致贪慕富豪，有辱宗亲。
周穷恤匮，济物利人，毋致悭吝不为，有乖礼体。
珍玩厅巧，丧家斧斤，毋致贪爱蓄藏，有遗后患。
冠婚讲礼，称家有无，毋致袭俗浮奢，有乖家礼。
房舍如式，服饰从俭，毋致僭侈[②]繁华，有干例禁。

——摘自《彭氏家谱》

【注释】

①疾病：疾，厌恶；病，贫困。

②僭侈［jiàn chǐ］：奢侈过度。

吕氏族约八条

一曰崇孝行

父天母地　深恩难报　为人子者　孝顺双亲　和颜悦色

下气怡声　人食先奉　有劳代辛　日日敬爱　尽心以诚

二曰敦悌伦

伯叔兄长　不可侮慢　为人弟者　必尊必敬　待之以礼

事之以勤　长上美言　务当听令　循循规矩　惟善是亲

三曰睦族邻

宗族邻里　务宜和睦　出入相友　守望相助　疾病相扶

患难相顾　富莫欺贫　强莫凌弱　公事公言　王道易易

四曰严教训

子弟侄孙　务宜教训　若不教训　反害其身　教以诗书

教以耕耘　工商技艺　宜令辛勤　免致游惰　子孙必成

五曰勤本业

士农工商　务宜勤习　贫富有命　富贵在天　安分守己

不可妄行　言语谨慎　忿怒忍惩　各安生理　以乐天真

六曰守理法

王法圣训　务宜依循　为非作恶　必获灾害　不可骄奢

不可淫侈　不可奸诈　不可害人　明有王法　暗有鬼神

七曰尊家教

租税钱粮　早纳免催　交朋接戚　不可吝啬　闲使闲用

不可浪费　克勤克俭　日积月盈　时遇春秋　祭祀先人

八曰正彝常

修身齐家　不贪不妒　不偏好恶　悲慈为本　方便为门

父慈子孝　兄友弟恭　夫妻和顺　是训是行　万代兴隆

——摘自《永定吕氏族谱》

苏氏家训

凡为子孙：父慈子孝，兄友弟恭，夫正妇顺；内外有别，老小有序；礼义廉耻，为人豪杰；士农工商，各守一业；和善心正，处事必公，费用必俭；举动必端，语言必谨；事君必忠，为官必廉；乡里必和，睦人必善；非善不交，非义不取；不近声色，不溺货利；尊老敬贤，救死扶贫；奸诈勿为，盗偷必忌。不善者劝之，不改者众与绝之。

凡我子孙，必尊家规，违者责之。

——摘自《福建永定苏九三郎公系大宗族谱》

卢氏祖训

1. **尊章训** 或有问于予曰：章程何为而作也？予应之曰：人心之灵，所谓智也；行而见诸事，所谓才也。既有才矣，则不能无功；既有功矣，则不能无言；既有言矣，则言之。恐其久而差，故笔之于书，以贻子孙。

守则孝，不守则不孝，何疑焉？且天下事，创业难，守业不易。我人由闽入蜀，栉风沐雨，跋山涉川，积铢累寸①，开创基业不知苦何艰辛矣。然基业虽开，乐其成而建其功，而章程未定，又恐子孙亶②其福而忘其训。此所以忧也。于是仿照宗贵族治家之遗者，名儒硕彦传家之令范③，圣经贤传④齐家之要道，故立法也。

2. **裁陋训** 大凡人能识大体，则立规必正；能顾大局，则立规必公。若其人尚之见浅所闻，定不识大体。加以性之偏情之私，定不顾大局。大体大局不知其立规也，狭隘苟且狂荡纷烦而陋，陋则似是而非。又曰："尔怡而实乱，暂时弊浅，久则流弊渐深；寡时恶经，多则恶习滋重。"凡此皆知小而不知大，知近而不知远者，皆之祸也。古人去极行⑤，所由败也，即陋规之说。凡我族人，以后修改章程，务要从从人风化起见、承先启后着想，同斟酌利弊，审察可否，万万不可草率荒唐，轻举妄动总以仿照。

人能明经书之理，即明天地之道。贫贱生勤俭，勤俭生富贵，富贵生骄奢，骄奢生淫逸，淫逸又生贫贱，系循环之理。能知循环之理，即知居家兴衰之故，皆由自取。古人云："祖宗富贵，自诗书中来；子孙享富贵，则弃诗书矣。"此家声所以不振也。祖宗家业，自勤俭中来；子孙享家业，则忘勤俭矣。此家务所以不兴也。

3. **戒贪训** 不义而富且贵，于我如浮云。又曰：“德者本也，财者末也；外本内末，争民斯夺。”又曰：“财聚则民散，财散则民聚。”

积善之家必有余庆，积不善之家必有余殃。此积累厚薄之验也。伊训曰：“惟上帝弗常。作善降之百祥；作不善降百殃。”祥也，殃也，祸福之谓也。

顺天者存，逆天者亡。亦此意也。所以圣人知天道必修德以配天；君子畏天命必改过以敬天。如今之人天道，不知天命不畏而贸贸⑥焉。欲以不义之财传之子孙，岂知人可欺天不可欺，财可保天不能保。的确不虚者也。

【注释】

①积铢累寸：形容财富一点一滴地积累。

②亶［dàn］：古同“但”，仅；只。

③硕彦：才智杰出的学者；令范，良好的典范。

④圣经贤传：旧称儒家的经典著作和阐释这些经典的权威性著述。

⑤极行：谓崇高完美的操行。

⑥贸贸：纷乱貌，指不明方向或目的。

卢氏家训

为人以孝悌为先，居家以和睦为本，勤业守分即为兴家之兆。兄弟阋于墙，即为败家之渐。

吾嘱子若孙：勿以小利而伤大义，勿以小忿而伤大谋。处世亦当如是，况兄弟如手足乎？

又嘱吾子孙：宜务勤读，慎勿怠于勤而荒于嬉，慎勿奋于始而懈于终。诗云：“读书如驾一滩舟，经歇篙时便下流。此际若非真努力，如何撑得到津头？”必须矻矻穷年专心①，致老庶功名可成，而书香之奕世可

卜也。

又嘱吾子孙：宜崇节俭，衣服不可过华，饮食不可过贪。苟衣好鲜艳，食求甘美，不转瞬间遗产立尽，势必至终身吃苦，悔之迟也。

又嘱吾子孙：切不可好斗争，断不敢凌败家丧身。

又嘱吾子孙：切不可比匪人②，比匪人则祸必至，放辟邪侈③不能免矣。

又嘱吾子孙：家庭中倘有不肖者，老成者当多方教谕使其悔悟，不可坐视旁观劝助其图利。

他有所嘱不能殚述，你子孙其凛遵吾言，务宜立志，问心无愧，自然光宗耀祖。间有不能奋志读书者，果是克勤克俭，尽伦识理，无有心奸。识理无有心奸，亦不至贻羞宗祖，误害于人。噫嘻④！吾毕生勤俭起家，兢兢守分安命。吾子孙不可不善继述出类超萃、高大门闾者乎。是余所惓惓属望于身后也。

无事之时不知其福也，事至方知无事之福矣！无痛之时不知其乐也，痛至方知无痛之乐矣！群居守口，独坐防心。处兄弟骨肉之变，宜从容不宜激烈；遇朋友交游之失，宜剀切不宜优游⑤。世间财得之难用之易，宜勤宜俭；天下事发之速悔之迟，当忍当思。贫之教子须要守分，富之教子须存厚道。退步即进步张本，让人实让己根基。

——摘自永定《龙潭卢氏春秋》

【注释】

①矻矻［kū kū］：辛勤劳作的样子；穷年，一年到头。

②比匪人：与行为不端正的人结交。

③放辟邪侈：指肆意作恶。

④噫嘻：古汉语叹词，表示悲哀或叹息。

⑤剀［kǎi］：规劝；优游：悠闲自得。

蒋氏谱训

从来，子孙贤称其率祖，子孙愚鄙其辱先。故为父兄者，当以孝悌、忠信、礼义、廉耻启其善心，授耕读、商贾技艺常业敛其佚志，使之毋蹈邪径，毋逞智勇，毋效残薄①。斯纲常正而伦理明，风俗淳而礼义举，富贵者不致于骄侈，贫贱者不流于匪僻。乃立谱训以为后昆，是则是效，尚其勉之：

一曰敦孝　孝为百行之原，天之经地之义也。自天子以至士庶皆当缘分竭诚，各尽其孝。彼不孝者失其天性，纵有才华不取，何也？大德已亏也。凡我族人，当思父母生我之恩，时时为其力之能为，事事尽其心之当尽。其有立身行道扬名显亲者，上也；次则生致其养、死致其哀、葬尽其礼、祭尽其诚，庶几不失为人子已耳。不然，则是反哺跪乳之不若也。

二曰训后　人生德业，端自弟子始。其生知安行者能有几人？大约资于造就者居多。故中人之性原介于可成可败之间，而父兄之心若不审其成败之术，又何怪乎缙绅有淫词、田舍多骄子哉？凡为父兄者端蒙养之功，择师训教，外以收敛其放心②，内以涵养其德性，优游浸渍习于性，俱居必系亢宗③之望，出则显华国之材。

三曰爱敬　兄爱其弟，弟敬其兄者，本天性之自然。或间于妻子，溺于利欲，惑于谗言，则同胞者有时而吴越④矣。昔人诤友有云："同气连枝各自荣，莫因些小便相争；一回相见一回老，能得几时为弟兄。"词虽近俚，意实恳挚。凡我族人，毋间妻言，毋溺利欲，毋惑谗诬，则十世同居之郑氏，不独擅美于曩时⑤；百犬同牢⑥之家风，亦将再见于今日。

四口急公　从来征税起于田亩，差徭出自民间，以下奉上分所宜。然计亩输将，役当应赋。况以时而使民何害农工？按限而催科原非暴取。设若中怀怠缓，不免悍吏哗骇，门多剥啄⑦，身受鞭笞。即于岁晚务闲之日，尚奔驰于寒风冷雪之中，是可慨也。若及时而输，追呼不扰，甘食宁居，既无负于官长，亦不自累其身家。妻子熙熙⑧，鸡犬闲闲，何其适

也。谚云："若要宽，先完官。"凡我族人，务宜急公慕义，勉为醇谨之良民，毋为逋负之顽户。

五曰杜讼 讼之为害最大，或因纤芥之忿屈膝公庭，甚之箕豆同煎，身家不恤，奋一往之气，怀致胜之心。殊不知官司之喜怒不常，或情真受枉，理直遭诬，未可知也。即偶获取胜，亦且财殚力穷，噬脐无及[⑨]。揆厥情由，皆不能忍故也。凡我族人，深自猛省，以责人之心责己则无争，以恕己之心恕人则无怨，更守谦和敦让，以保身睦族，自无往不宜，更何至有鼠牙雀角[⑩]之事哉？

六曰矜恤 天之生人不能皆全，人之遭际焉能尽美。鳏寡孤独为无告之穷黎，残疾疲癃[⑪]乃天刑之遗孽，故圣王发政，必先加意焉。窃怪炎凉之辈，见夫崇高富贵者，不惮左右以逢迎；睹诸穷黎残疾者则鄙笑，不惟不蒙其怜悯，且指其先人失德，摘其素行多愆，以为果报。呜呼！何忍心至是。凡我族人，目击颠连，虽不克倾囊以济，亦必量力相周。至于至戚分膏割脂，分所宜然，慎毋泛视。

七曰宽下 陶彭泽买仆以遗其子，作书嘱之曰："彼亦人之子也。以窘迫之故而投于吾，吾即其父母矣，当厚过之。"噫！何其情之笃而词之切也。窃怪世人以为仆隶下贱，驰役惟命，一有不遂督责加之，威虽莫抗，残刻逞矣。是岂仁人君子所为乎？凡我族人之御下也，用其力宜爱其人，体其饥寒，恤其劳瘁，诚以感之，惠以结之，将见倾忱之戴不暇，尾大之虞[⑫]何起？

八曰修谱系 韩魏公曰："二十年若不修谱，责以不孝。"盖谱所以明宗派别亲疏，所关实巨。设若视同故纸，甚或讪其修谱之为无益者，必致远祖无稽，将不免拜坟之耻，亲疏难辨，即睹五服为途人者矣。愿我族子孙，务以修谱为亟，或十年一续，或廿年一修，积公需以为之，庶免不孝之讥云。

——摘自《蒋氏家谱》

【注释】

①残薄：意思指冷酷无情。

②放心：指放纵肆意之心。

③亢宗：庇护宗族，后引申为光耀门楣。亢：蔽，庇护。

④吴越：春秋吴越两国时相攻伐，积怨殊深，因以比喻仇敌。

⑤曩时：即往时、以前。

⑥百犬同牢：史载，义门陈氏延续了整整十九代，跨越三百多个春秋，不分家，保持着“义门独著，百犬同牢”的家风。宋仁宗曾经为之赞叹“萃居三千口人间第一，合聚四百年天下无双。”

⑦剥啄：象声词，敲门声。

⑧熙熙：温和欢乐的样子。

⑨噬脐无及：指自咬腹脐够不着。比喻后悔不及。

⑩鼠牙雀角：原意是因强暴者的欺凌而引起争讼。后比喻打官司的事。

⑪残疾疲癃：旧指老弱病残，或年老多病。

⑫尾大之虞：意思是担心指挥不灵。

蔡氏家训

积善之家　庆必有余　为善最乐　福寿双至
为人良善　天必佑之　知错责己　天心相之
仁义礼智　时刻注意　处世从善　安分守己
勿参赌博　坚定不移　勿贪财色　才免忧虑
不事诉讼　和睦乡里　奸雄之人　交之不利
发家致富　多方考虑　勿违法规　财物皆聚
勤奋立业　坚定心志　青壮有为　光耀门楣
富贵分定　各自有时　观其德行　切勿嫌迟
百尺高楼　由地而起　华丽可观　经营伊始
行程万里　跬步开始　年少志大　奋斗及时
欲图家计　各安生意　势在必行　勿失良机
父母恩情　当报才是　人不孝顺　神人责备

尊敬长上　才是合宜　时刻做到　事事有利
教训子孙　攻读诗书　功成名就　流芳百世
家族团结　外侮消除　安居乐业　万民喜气
奉劝子孙　且依本谕　戒哉勿忘　神人共喜

——摘自《闽漳蔡氏族谱》

丁氏家规

家规引　家有规犹国有法，所以治一家之人，使不至荡检逾闲，寡廉鲜耻也。汉唐而下，先儒名贤，多作家训，以贻子孙，所由守礼者众，而俗亦长厚焉。今遵先贤之意而撮其大要，分类立则，以维伦纪，以正人心，以判行检，以端习尚，庶几三代友睦，姻任恤之遗矣！

1. **立宗子**　古者别子为祖，继别为宗，此百世不迁，所谓大宗也。盖族不可以无统，立宗子以承家主祭，族人尊之，每事必告，明有统也。若其人奸罔淫乱，则告诸宗庙而改立，不得以大宗居焉。

2. **举户长**　户必有长，以总户事。举则必贵年高分尊而又尚贤。贤则能秉公持正，无偏私焉。族中事有不平，鸣之户长。户长率众诣祠剖判曲直，分别处治，讼可息矣。倘有凶顽子弟，不守家规，势必至干犯法纪，户长即以家法惩之。如其不服，即据实鸣公。若户长徇私畏势，则众攻之，公议再举。

3. **修祖庙**　祖庙者，所以妥先灵也。唯洁清为贵，每朔望宗子诣庙行香，岁时荐享及会议祠务外，董事者即行封锁，不得擅为启闲私堆货物，致污庙庑。四季务要修葺，无为风雨所损，庶先灵得安。而子孙入庙时，自僾见忾闻矣①！

4. **谨茔墓**　祖茔非独先人体魄所藏，亦子孙命脉所系，须刻刻省视防闲②，不得窃葬盗卖，亦不得伐阴践冢。如蹈此弊，俱以不孝论罪。至外姓涎吉魃买，及侵犯茔树者，合族务协力鸣公。倘有徇情受贿、托故谢责者，共斥为非族，永不许入祠。

5. **敦孝友**　父母兄弟，天伦所属。亲莫大于养生送死，生则甘旨菽水，毋缺于供；疾则朝夕侍榻，亲调药饵；殁则哀毁自致，殡葬必诚必敬，勿之有悔。总宜竭情尽礼，庶无忝于所生。至昆季原属同胞，当轻财重义，一义同心。勿听妻妾之言，致伤手足之谊。如是则内隙不作，侮不外生，而家道昌矣！且凡属尊长，犹吾父兄，俱要敬重，隅坐随行，不可轻侮。

6. **重婚姻**　婚姻为人道路之始，必择门第清高、家教严肃者，始合两姓之好。凡嫁娶务备六礼，毋计厚奁，毋索重聘。若妄以女委人，尤为玷辱祖宗，当重戒之。更不可指腹为婚，襁褓为盟，倘异日恶疾，或无德，悔无及矣。至嫌贫易富，尤伤风败俗，所宜痛惩者。

7. **肃闺阃**　夫妇为伦常之大，夫正位乎外，而妇正位乎内。夫之正必端好恶，慎言行。此家人之义，终以反身也。妇之正则无非无议，司中馈[③]、勤妇织而已。闺门之内，尤宜肃清。不同施枷，授受不亲，别嫌也。勿许轻出，勿许与外家往来；毋得入寺观烧香，毋令三姑六婆入内。庶风教以端，不失为大家阃范[④]。

8. **教子弟**　蒙养为圣功之始，父兄为子弟之型。故中才也养，不中才也养。不才，为父兄者必教之洒扫应对进退[⑤]以防其身，孝悌忠信礼义以养其心。及长出就外，传渐至理明而气淳，斯无骄奢淫逸鄙陋之失矣！

9. **睦家族**　家族虽众，千枝万叶总属一本。然其中不无贤愚贵贱强弱之异，自祖宗视之皆一体也。迩来浇薄之徒[⑥]，视同宗若秦越，肥瘠不关于心，是不知重祖宗、亲骨肉耳！凡我族人，务要彼此相洽，情意相孚，有无相济，患难相同。毋以尊凌卑、幼侮长、富欺贫、贫害富、智诈愚，阴致祖宗之怨恫。至若邻里亲戚危难急迫，亦当量力周助，不得悭吝。水火盗贼，互相救护。毋争讼。彼此劝勉以敦仁厚之风，则族将大矣！

10. **治生理**　居家以治生为先，士工农商，皆本业也。为父兄者当量子弟材质，俾使其专治一业，毋令游闲。子弟亦当谨率父兄之教，早作夜思，不迁异物。如是则上可取富贵，次可以得温饱矣！奢侈最为恶习，诸凡饮食服御、嫁娶吉凶之类，俱当以简约相尚，不得浪费。

11. **设义田**　族繁则不无贫富之异，以后酌设义田，凡仕宦富饶及好

义乐助者多寡唯命，着公正无私者管之。广储积，建义塾。族中有俊秀子弟贫而不能读者，延师教育。之余则视孤寡老病者同恤焉。

12. **禁刁讼** 同室燕秦，比邻楚越，皆因刁唆之徒恃其口舌机诈，藐视三尺，罔恤身家，间有小隙遂构大讼，经年不绝，以致倾家殒命。凡我族人，遇事有不平，先鸣宗长，集祠激论，分别曲直。毋得图害善良，欺侮寡弱，如有强梁⑦不服，刁唆构衅，宗长即将情实送官惩治。

13. **禁贱役** 立身以读书为上，次则农工商贾，以及医卜技艺之属，皆可治生。若隶卒优俳⑧，辱身已甚，下至为窃为盗，犯法朝廷，遗累宗族。以后吾族子弟，各宜自爱。

14. **禁嫖赌** 赌博者，盗贼之源也。抹牌掷骰，废业失时。始云洒落，输酒输茶；断以金注，败家败产；妻子饥寒，流为窃盗。可伤也已！若嫖不唯破家且以害身，恋奸谋娶势必所有。如有此等，切宜禁止。或不悛⑨，公送官惩究。至沉酗酒，狂泼闯祸，亦所当禁。

15. **禁奸盗** 凡人各自有生理，岂必作奸劫贿而后可以治生？况非为毋作，律有明禁。本族徜有此等不肖，各房宗相指名首祠惩治。其有旧恶不悛者，削去丁籍，本族送官究治。

——摘自丁氏宗亲网《五果丁氏家规》

【注释】

①僾见忾闻：指仿佛看到身影，听到叹息。形容对去世亲人的思念。

②省视：看望、仔细地察看；防闲：防备和禁阻。

③中馈：指家中供膳诸事。

④阃范［kǔn fàn］：指为妇女的道德规范。

⑤洒扫应对进退：指迎送客人之类的礼节。旧指青年人居家在尊长、客人面前应做的起码的事。

⑥迩来：最近以来。浇薄：不淳朴敦厚。

⑦强梁：欺凌弱小、性情残暴的人。

⑧隶卒：旧时衙门里的差役或衙役。优俳：旧时表演杂戏的艺人。

⑨不悛［bù quān］：指不肯悔改。

魏氏宗祖训章

赫赫吾祖，训诫有方；诸裔子孙，细听端详：
克勤克俭，学工农商；孝亲睦族，仕国忠良；
礼义廉耻，处家表坊；人才辈出，国史流芳；
宗祖训章，勉哉勿忘；光宗耀祖，共创辉煌。

——摘自永定《钜鹿魏姓四一郎祢公开基祖魏氏大族谱》

薛氏家训

父母规

既为父母　必尽义务　教育子女　遗弃错误
一日三省　正人先做　情感专一　家庭巩固
和气生财　致富有路　革除嗜好　烟酒稀疏
身教诱导　以理说服　自求上进　勤奋耕读
教子立志　不可虚度　勤俭持家　懒惰困苦
红白喜庆　操作有度　逞强耍霸　横祸生出
遇事冷静　退忍而处　力戒奢望　知足乐乎
心胸开阔　路途宽舒　年过花甲　耳顺说书
琐事少管　装些糊涂　老伴老友　同乐同路
发挥余热　自悟少图　不留后事　写好遗书
仙境涅槃　乘鹤超度

子孙规

生为人子　思德报恩　父母教诲　牢牢记心
仁贵楷模　三凤伟名　行成于思　业精于勤

成就栋梁　利国利民　为人诚实　不可枉尊
崇尚科学　反对迷信　积极创新　与时俱进
办事公正　天理良心　有功莫骄　闻过自省
大胆创业　谨慎做人　高位思崩　贫贱志成
遵纪守法　品行端正　嫖赌黄毒　远离十程
父母年高　赡养其身　常问饥寒　顺心奉迎
割股敬老　万世仁人　言行必果　薛氏子孙

——摘自“中华薛氏网”

叶氏家训十条

盖闻在朝言朝，在乡言乡。朝则有律法，乡则有规条。

自大高祖开基以来，世传忠厚，人守礼法。迩因宗枝蕃衍，子孙众多，品类不齐，贤愚互异。若不严立规条，恐无知无识之人，不免有犯法乱纪之事非，所以继先志而守家训也。爰集公议倡立规条十则，世世子孙各宜凛遵，毋稍违忘。是所厚望焉，爰为序。

1. **敦孝悌**　人生在世，各有父兄。不孝不悌，何以为人？族内子弟，务宜以孝悌为本。切毋忤逆，以重天伦。

2. **睦宗族**　凡属宗族，血脉攸关。伯叔弟侄，虽疏犹亲，理宜分长幼尊卑，相亲相爱，和睦一堂。勿因微嫌，各怀意见。

3. **务正业**　凡人游手好闲，贪图安乐，富者必贫，贫者必困。贫困日深，饥寒交迫。一切非为，渐成不觉，祸身害族，患即由斯。凡我族人，或士或农，或工或商，务宜各劝正业，戒游惰以辟利源。

4. **重国课**　凡买当产业必有钱粮，皆国家唯正之供，务宜纳清年款，丝粒不容蒂贝①。至盘活契据，尤宜迅速投税，以免害累。

5. **守国法**　国法森严，毫无宽赦。私开当押、私藏军械、押当枪炮、窝藏匪人、串同入会、匿税走私，凡一切有干②例禁者，法所不容。小则陷没身家，大则贻累宗族。各宜凛戒勿忘。

6. **戒非为**　赌馆烟馆，最易聚匪。凡开设而交接匪徒，并盗窃、骗诱、狡串，一切非为之事，必至害身家累宗族。穷其祸患，惨不胜言。各宜猛醒，以务正业。

7. **崇节俭**　凡冠婚丧祭，虽属大典，须称家有无，要不可浪费。饮食衣服，尤宜节俭。

8. **端风俗**　一乡风俗，循良相茂，始堪嘉尚。故立身行事，务须光明正大。凡伤风败俗之事，皆宜一切扫除。

9. **敬师长**　凡乡中学堂，无论大小，皆宜整肃。所聘师长，务宜尊重。即外人来学，亦宜视同一体，免生畛域③。

10. **和乡邻**　凡属乡邻，非戚即友，无论贫富，接待宜恭。勿因小嫌致启争斗等事。

——摘自梅州《叶氏家谱》

【注释】

①蒂贝：拖欠。

②干［gān］：触犯，冒犯。

③畛域：比喻由宗派情绪产生的偏见。

余忠襄训教规条

（宋·余靖）

1. 各处祖宗坟墓，岁节轮流祭扫，务孝敬以尽根本之诚。盖坟墓祖宗所依归，而子孙赖祖宗为庇佑。亡者安，存者也安，理之常也。人所贵者子孙，其死而坟墓有所托耳。世未有坟墓不祭守，而子孙昌盛也。

2. 子孙盛衰，系积善与积恶而已。何谓积善？居家则孝友，处世则仁恕，安分守己，凡所以济人者是也。何谓积恶？恃己之势，以自强剥人之财以致富，存心奸险，做事枭横，凡所以欺人者是也。是故爱子孙者遗之以善，不爱子孙者遗之以恶。传曰：积善之家必有余庆，积不善之家必有余殃。天理昭昭，各宜深省。

3. 子孙和气处乡曲，宁使我容人，毋使人容我；宁使人敬我，毋使人畏我。切不可存怒人之心，恃势作威，欺凌穷愚。事有不得已者，则当以理斥之，岂可与人炫奇斗胜，两不相下。彼以其奢，我以吾俭，吾何慊乎哉？

4. 子孙当以正直处宗族，凡遇家庭有事，或因田地争竞，或因小忿争斗，务须披诚劝解，处断公平，不可旁观隐忍，唆是弄非，以起争端。至于外人或有欺凌，义所当行者，务同心协力，亲疏一体，则毁侮不生而窥伺永免矣！语云：家和福自生，顺其自然也。

5. 子孙处世之道，不可过刚，亦不可过柔。凡事应对及一切交际须适合。粮钱必须早完，公事预先料理。凡官家有事应对必须和顺，不可逞其私智刚强逆上，自取罪戾以辱家门。

6. 子孙居家恂恂[①]孝友，见父兄坐则必起，行则必随，应对必有理，称呼必以字，甚不可以贤智傲先人，亦不可与伯叔同坐。然为父兄者，亦不可当众詈骂[②]，使人无容身之地。尊长有此，甚非教养之道。子弟倘有非为，当反复教训，使之自改。

7. 子孙治家，尚俭朴毋浮靡，安分守己，甘淡薄习勤苦。房屋不可过奢制，用度不可僭分[③]。冠婚丧祭当以家礼，宜从俭约，不可斗胜以炫耀耳目。

8. 子孙局量器识，须谦卑逊顺。守则若虚处，贤智而若愚。不攻伐人之阴事，不谈论人之过失，勿称量人之有无，勿妒忌人之胜己。苟盈满自足，骄傲接人，则祸可立待矣！各宜自思。

——摘自《永定新安余氏族谱》

【注释】

①恂恂：恭敬顺承。

②詈骂［lì mà］：用恶语侮辱人。

③僭分［jiàn fēn］：越分。

潘氏家训

士农工商，宜执一艺。男勤耕读，女勤织纺。兄弟互勉，和衷共济。安不忘危，乐不忘忧。念缔造之艰难，思守成之不易。以孝悌为立身之本，诚信为行己之要，忠厚为存心之基，勤俭为治生之法，谨慎为做事之方，谦恭为处世之道。

孝父母 父母生我，劬劳万千。鞠育顾复，恩同昊天。罔极难报，一顺为先。亲命稼穑，竭力耕田。亲命诵读，寒毡坐穿。守身养志，景仰前贤。

友兄弟 惟兄与弟，同气分形。安乐与共，怡怡一庭。急难相救，诗歌鹡鸰①。百端无竞，妇言勿听。二难有誉②，亲心则宁。祥由和召，荆花斯馨③。

睦宗族 宗族雍睦，盛世遗风。千峰万岫，发迹则同。百川亿港，溯源斯通。子孙从出，一祖之躬。周恤保爱，溥济贫穷。亲疏远近，何私何公。

苦读书 苦志读书，俗情消除。箪瓢堪娱，陋巷可居。师固当尊，友亦无殊。师友并敬，经史同锄。杏红桂馥，志在斯钦。功名成就，驷马高车。

勤耕织 男耕女织，勤劳不休。犁云锄雨，易其田畴。朝纺夕绩，温饱无求。余粟常积，余布常留。丰衣足食，与世何求？太平百姓，任尔优游。

正闺门 闺门定法，严肃则得。男女有分，内外不忒④。整饬纲纪，立德慎行。妇尼女巫，不接颜色。观剧烧香，概行禁革。杜渐防微，谨凛内则。

立碑志 生则华屋，死归夜台⑤。子孙笃远，岁至几回？牛羊践踏，坟墓倾颓。年湮世远，几失封培。结党冒占，难亦难排。碑如不立，即是祸胎。

供赋税 民皆王臣，地皆王土，内征外贡，国有谋猷[⑥]。地丁钱粮，岁岁征收。四月完半，九月完足。朝廷科例，各宜遵守。依期输纳，莫类匪徒。

立品行 品行之立，道义为根。放开眼孔，站定脚跟。刚亦不吐，柔亦不吞。贤关圣域，义路礼门。朝来夕往，静坐动奔。倡优隶卒，玷辱家声。

积阴功 阴功大哉，世莫能猜。冥冥积德，默默捐财。救危周急，济困扶灾。福田多种，心地厚培。窦开五桂，王茂三槐。纯嘏[⑦]天锡，求福不回。

谨祭祀 物本乎天，人本乎祖。报本反始，人道之首。设祭仪文，礼著最优。室事堂事，阶户当守。如见如闻，在左在右。礿禘尝烝[⑧]，四时有度。

重婚嫁 婚姻人道之始，风化之源，上以承宗祧[⑨]，下以开嗣续，关系不小，择德为上，年貌次之。今之婚嫁多论财，或厚资以耀聘，或竭财以侈妆，名为争门面，实破产之道也。大抵今人男择妇女择婿，只不出势利二字。不知势利有时而尽，惟忠孝礼义可久。文定公言："嫁女，须胜吾家。"非富贵煊赫之谓，直以其德耳。不然男家利财而纳不教之女，未有不傲舅姑而轻其丈夫者；女家利财而纳不督教之婿，未有不依势豪而薄其妻子者。又世俗多割襟指腹，或子妇初生轻许婚约，始或由于杯酌，或激于意气，其后或贫穷，或残疾，或不肖无倚，此时改嫁不可，蹈之不忍，虽悔何及耶？又有新妇入门，礼化之始，山氓有闹房恶俗，无尊卑长幼，嘲笑戏谑，放荡不禁。此特村野之尤，诗礼家所宜戒也。

慎嗣续 继嗣之义自古为然。世有爱人之子弟而立者，有利人之财产而自请为人后者，皆非立后之义也。房分有亲疏，昭穆有先后，一有不顺必启争端。一子不为人后，长子不为人后。异姓之子不得乱宗，国法昭然，孰敢异议？但立嗣之法，以次而定，如长房无子则立二房次子，二房无可立则立三房次子，亲支无可立则更立疏支，亦以次而定。不可援立爱立贤之说，任意去取，致启身后之争也。凡立嗣，夫妇皆得而主之，或未立嗣而夫妇俱故，有祖父母存亦可主其事。若无祖父母，其家财则听亲支均分，不得更生继后之议矣。或已为人后，而本生父母无嗣，则本身仍应归承续禋祀，所立之父母更立旁支，此不易之理也。或既为人后，仍厚其所生而薄于所继者，以不孝论。

谨坟墓 坟茔乃先人体魄所藏，子孙派脉所系。或子孙所居穹远，子孙罕经其处，或为风雨所倾，或为狐兔所穴，或为畜牧而践履，或为势豪所侵占，仁人孝子能无恻隐之心乎？古者春秋扫墓，岁经两举，良有以也。或有不肖子孙，盗卖坟山，私伐阴树，当以不孝从重处置。或有外侮，当同心而御，不可推诿懈怠。

勿交匪 匪类行态，正人疾嗔。拍肩执袂，邪媚易亲。君子是远，小人是近。窥人富厚，花诱金银。行险机熟，笼络计新，交游狎溺，祸及其身。

——摘自“潘氏家谱网”

【注释】

①鹡鸰［jí líng］：俗称张飞鸟。《诗·小雅·常棣》：“脊令在原，兄弟急难。”脊令，即鹡鸰。后以“鹡鸰”比喻兄弟。

②二难：形容两兄弟都好。典出“难兄难弟”。

③荆花：比喻兄弟昆仲同枝并茂。

④不忒：没有变更；没有差错。

⑤夜台：坟墓。

⑥谋猷［móu yóu］：计谋；谋略。

⑦纯嘏［chún gǔ］：大福。

⑧礿禘尝烝：［yuè dì cháng zhēng］：祭名。根据《礼·王制》天子四时之祭，春曰礿，夏曰禘，秋曰尝，冬曰烝。

⑨宗祧：宗，宗庙。祧，远祖之庙。引申指家族世系。

杜氏族训

1. **明臣道** 诗云：“普天之下，莫非王土；率土之滨，莫非王臣。”

人第①知出仕者当尽臣道，而不知食毛践土②凡为百姓者，皆有君臣之义寓乎其间也。故孟子曰：“在国曰市井之臣，在野曰草莽之臣，皆谓庶人。”庶人虽未传质为臣，而其所以称臣自若也。吾族出仕者，无论官阶之大小，须小心翼翼，靖共尔位，毋旷厥官，以自取戾；毋肆贪婪，以玷家声。在家者士农工商，亦须安分守己，做个好百姓。不可包揽词讼，不可拖欠钱粮，不可阻挠公役。此为下之道，亦即所以事君之义也。

2. **孝父母** 父母之恩昊天罔极，为子者当以得亲顺亲为先务。区区奉养服劳，圣人尚不以为孝。世人不明此理，动至忤逆抵触。推其原大抵以父母之不我爱也。抑知父母育子教养婚娶，吃尽艰辛，岂有不爱乎？总由为子者或溺于妻子，或私其货财，忘莫大之恩而不顾父母之养。吾族如遇此等不肖，该房亲属务必引至祖堂，家法从事，令其改过自新，不得容忍姑息，酿成大戾，为一族羞。至事继母，亦当尽敬尽孝。如事生母，不得稍存意见。逢堂上之怒，若子本无过，父母或格外苛求，族间亦当委曲两相劝诫。务使亲爱其子，子敬其亲。太和之气聚于门庭，则尽善矣。

3. **和兄弟** 天下无不是底父母，世间最难得者兄弟，故称兄弟曰同胞，又曰手足。人之自外其同胞者，犹之自剪其手足也。试观古今兴旺之家，未有不弟敬其兄，兄爱其弟。今之兄弟不和者大约有二：或偏听妇人之言而伤和好；或因争田产之细而成雠仇③。如此，道路叹其不祥，父母增其隐痛，为兄弟者清夜自思，安乎？可乎？今与族约：凡为兄弟者，慎勿听妇人之言，争田产之细，致乖骨肉。推之叔伯兄弟，亦当如是。古语云：和气致祥，乖戾致殃。人家果能一庭聚顺，则气象如春矣，岂不快哉？

4. **宜室家** 夫为主外，妻为内助，然必处之有方，而后家道成。每见今之人家纲纪不振，始则溺艳妻之少艾④，继则任牝鸡之司晨，迨至习惯成自然，夫不自以为夫，妇亦忘其为妇，甚至打街骂巷以卑凌尊，种种不端无所不至，如此而家道焉有不败者乎？窃念人之欲治其家者，平日之间务庄以莅之，使之知敬；慈以待之，使之知恩。与其效父子之嘻嘻，终不若为家人之嗃嗃⑤。纲正则室家宜矣。

5. **敬师友** 师不严则道不立，朋不正则过无闻。品端学邃之师，直谅多闻⑥之友，当终身敬之重之，不可怠慢，否则严师不屑教诲，而苟就者皆庸师矣，益友疏远而亲近者皆损友矣。迨至学问无成，理义莫辨，作丧身败家之事，成轻薄匪僻之徒，为人所不齿，始悔向为师友所误，则无及矣。愿吾族延师觅友务选品行端方者以为之教，举止纯正者日与之亲，令子弟耳所闻者皆正言，目所睹者皆正事，源之清者流不浊，表之正者影自端。于是则德日进学日增，何患芝兰玉树[7]不罗列庭阶也？

6. **教子弟** 人之有子胥望其成人，然必自幼教以正言正语，使之渐入正路则可矣。无如今之训子弟者，自幼便被他教坏了，见他爱财物即谓此子能起家，见他好斗狠即谓此子有才干，见他用欺诈即谓此子颇伶俐，见他会骂人即谓此子有胆略。迨至习与性成，骄傲之气形于父母，贪暴之心施于昆季，而他人无论已，尚望其成人哉？惟孩提之时知识稍开，教之以谨饬，勿令放荡；教之以俭朴，勿令奢华；教之以逊让，勿令好高；教之以笃实，勿令虚浮。及其长也，从师读书以广其识，亲贤远佞以端其行，朝夕渐摩，无论士农工商，邪正自辨，廉耻日生，必不致误入下流也。

7. **睦宗族** 宗族虽有亲疏，等而上之皆一本也。出入相友，守望相助，疾病相扶，古之同井者且然，况吾一本之亲乎？凡我同姓务念亲亲之谊，匪特盗贼水火之患须竭力匡救，即遇族中偶有孤贫者，务为设法周济之；有流离者，务为设法收养之；嫁娶丧葬无赀者，务为设法佽助[8]之；疲癃残疾无依者，务为设法扶持之。但贫苦者见族中有显宦富厚之家，亦当生羡慕心，万不可生妒忌心，如此才是和宗睦族之道。有一种诈伪好事之徒，自恃才辨，冷言冷语起人忿争，己或于中取利，或借他人之事报复私仇，或自己理曲挑唆房众与族分畛域[9]，此最是族中之一大蠹也。愿高明者勿受其蔽，须当面斥辱之，令其术不行，则宗族永无不和之患矣。

8. **定恒业** 人无一定之业则无以生，故士农工商皆恒业也。凡为父兄者，须量子弟材质之高下、身体之强弱各治一业，不可听其游惰陷入下流。如天资明敏专志读书足以显亲荣祖者，一族不可多得。下此质性鲁钝，竭力耕田，自食其力，此生理之最上者。其次或商贾或工匠，皆可为仰事俯畜[10]之资。他如医道一类亦是仁术，但要精通不可造次，取庸医杀人之罪。堪舆一家亦人子所当知，万不可藉此为业，一有差错害人不浅。至于屠宰割剥有伤仁爱，皂隶衙役有玷家声者，均宜申戒，勿令学习。

9. **尚勤俭**　勤俭者，持家之本也。勤则有以开财之源，俭则有以节财之流，不期裕而自裕矣。财用裕则礼义之心生，匪特厚生且能正德也。若懒惰奢侈必致困穷，困穷必致寡耻鲜廉无所不至。故凡人无少长无男女，俱要勤俭。饮食取其充口，不可过贪；衣服取其蔽体，不可过丽；屋宇取其安身，器皿取其便用，不可求峻而求美。非特此也，即庆吊之事取其尽礼，非以斗靡也。近见人家，庆吊有力者色色从丰，无力者亦尤而效之，岂非伤财致贫之大弊哉？昔汉文帝百两惜露台之费，后宫衣不曳地；鲁敬姜任纺绩之劳，戒文伯之逸。彼帝王命妇且勤俭如此，何况平民庶妇？惟愿族中有名望者，先以勤俭为表率，俾人人观而化之，则一族之受益匪浅已。

10. **戒斗讼**　孔子曰："能以礼让为国乎？何有！不能以礼让为国，如礼何？"帝王治国家平天下，皆不能外礼让。人处乡党中，胡不思以礼让为先而沾沾于好斗健讼？曾不知好斗者逞一朝之忿，小则互相受伤，摧残遗体；大则酿成命案，不可救药。妻子被其牵连，官府责以偿抵，尔时悔之则无及矣。健讼者无论讼之胜与不胜，以钱买衙役气，屈膝受官长辱，即胜亦无意味。况倾家荡产势所不免，讼胡为也？愿吾族以礼相敦，以让相尚，忍横逆之加，守终凶之戒，则一生之受福良多也。至若祖墓被人侵占，虽万不得已之事，其始亦当席请乡邻和解。和解莫决，然后鸣官。至于械斗万不可行，恐误伤人命，反致祖坟莫保，其失更大。

——摘自《杜氏家训》

【注释】

①第：只，仅仅。

②食毛践土：吃的食物和居住的土地都是国君所有。

③雠仇［chóu chóu］：仇恨。

④少艾：年轻美丽的女子。

⑤嗃嗃：众口愁怨声。

⑥直谅多闻：为人正直信实，学识广博。

⑦芝兰玉树：比喻德才兼备有出息的子弟。

⑧佽助［cì zhù］：帮助。

⑨畛域：界限，彼此。

⑩仰事俯畜：上要侍奉父母，下要养活妻儿。泛指维持一家生活。

戴氏处世家训

一当穷，多因放荡不经营，逐渐穷；
二当穷，不惜钱财手头松，容易穷；
三当穷，朝朝睡到日头红，懒惰穷；
四当穷，家有田园不务农，失业穷；
五当穷，结识豪富为亲翁，攀高穷；
六当穷，好打官司逞英雄，斗气穷；
七当穷，借债纳利当门风，自弄穷；
八当穷，妻孥怠惰子飘莲，命运穷；
九当穷，子孙相与无良朋，局骗穷；
十当穷，好赌贪花恋酒盅，彻底穷。
结论：凡未富装着富，永远不富。
一可富，不辞辛苦走道路，勤俭富；
二可富，买卖公平多主顾，忠厚富；
三可富，听得鸡叫离床铺，留心富；
四可富，手脚不停理家务，终究富；
五可富，常防火盗管门户，谨慎富；
六可富，不敢为非守法度，守分富；
七可富，妻儿贤惠无欺妒，帮家富；
八可富，合家人小相说明，同心富；
九可富，教子训孙立门户，后代富；
十可富，存心积德天加护，为善富。
结论：凡未穷就怕穷，永远不穷。

——摘自《永定戴氏族谱》

夏氏家规十二条

1. **毋忽祠墓** 子孙思祖宗不可得见，见所依所藏之处，即如见祖宗一般。时而祠祭，时而墓祭，皆必尽诚尽敬。栋宇有坏则葺之；罅漏则补之；垣砌碑石有损则重整之；荆棘则剪除之；树木则蓄养之。或被人侵害盗卖盗葬，则同心合力以保全之。此事死如事生、事亡如事存之道，族人所宜首讲者。

2. **毋淆族类** 类族辨物，圣贤不废，世以门第相高。间有非族认为，族者或继同姓子为嗣，其类匪一。然姓虽同，而宗祠不同、祖墓不同，是非难淆，疑似当辨。倘称谓亦从叔侄兄弟，后世将若之何？故谱内必严为之防。

3. **毋混名分** 非族者辨之众人，所易知易能也。同族者长幼尊卑各有名分，彼此称呼实不容紊。至于拜揖必恭，言语必逊，坐必有次，行必有序，名门故家之礼原是如此。又嫡庶有辨，不得以妾为妻，致有乖于纲常。女子已嫁而归辄居客位，是何礼数？吉水罗念庵先生宅，于归家之女，仍依世次别设一席，可法也。若族中义男，亦必有约束，不得凌犯疏房长上，有失族谊，且寓防微杜渐之意。

4. **毋疏宗族** 《书》曰："以亲九族。"《诗》曰："本支百世。"圣王且睦族，况众人乎？或以富贵骄其宗子，或以智力抗其族人，甚至一本之亲自相鱼肉，异日何以见祖宗于地下乎？善哉！陶渊明之言曰："同源分流，人易世疏，慨焉寤叹，念兹厥初。"范文正公之言曰："宗族于吾，固有亲疏，自祖宗视之，则均是子孙，固无亲疏。"此先哲之格言也。人能以祖宗之念为念，自知宗族之当睦矣。

5. **毋轻谱牒** 谱牒所载，皆宗族祖父名讳。孝子顺孙目可得而睹，口不可得而言也。收藏贵密，保守贵久。每岁清明祭祖时，各宜带编发字号原本到宗祠会看一遍，祭毕仍各带回收藏。如有鼠侵、油污、坏字迹者，房长同族众即在祖宗前量加惩戒，另择本房贤能子孙收管，登名于簿以便稽查。或有不肖辈鬻卖宗混乱本支者，不惟得罪族人，抑且得罪祖宗，众共黜之，不许入祠，仍呈诸官追谱治罪。

6. **毋亵闺门** 男正位乎外，女正位乎内，君子取法乎此，其闺门未有后不严肃者。纵使家贫妇女馌畔采桑势所不免，而嫌疑亦在所当避。或不幸寡居，则必茹蘖饮水①，始终不渝其志，然后可以受政府之旌表而无愧也。至若妇有长舌，维厉之阶②，世间父母不顺，兄弟不和，皆由于此。刚肠男子，慎勿听信其言。要之，教妇在初来，择妇在世德。礼曰："逆家子不娶，乱家子不娶。"庶无悔也。

7. **毋薄姻里** 姻者族之亲，里者族之邻。远则情义相关，近则出门相见。凡事皆当从厚，通有无恤患难。不论曾否相与，一以诚心和气遇之。即使曾待我薄，我终不可以薄待之，彼自感而化矣。若恃强凌弱，倚众暴寡，仗富欺贫，占人田地风水，侵人山林疆界，放债违例取息。此皆薄恶凶习，天道好还③，尤宜急戒，毋贻害儿孙也。

8. **毋荒职业** 士农工商，业虽不同，皆是本职。勤则职业修，惰则职业隳④。修则父母妻子仰事俯畜，有赖堕⑤则资身无策，不免啼饥而号寒矣。如士则尊师取友，乐群敬业；农则出作入息，深耕易耨；工则审曲面势⑥，相示以巧，相陈以功；商则市贱鬻贵，相陈以价。四者各殚其力尽其实也。不见异而思迁，在士何患不富贵，农与工商食用何患不足乎？

9. **毋背赋役** 以下奉上，古今通义。赋税力役之征，国家法度所系。若拖欠钱粮，躲避差徭，便是不良百姓。追呼问罪，玷辱父母，仍要完官，是何算计？务宜将本分差粮如期办纳明白，讨经收印押⑦，收票存证。上不欠官钱，何等自在！亦良民职分所当尽者。

10. **毋好健讼** 太平百姓，完赋役无争讼便是天堂世界。盖讼事有害无利，要盘缠要奔走，苦造机关又坏心术，且无讼官府廉明何如？到城市便被歇家⑧撮弄，到衙门便受胥吏呵斥伺候，几日方得见官，理直犹可，理曲到底吃亏，受笞受杖，甚至破家丧命。冤冤相报，害及子孙。总之，为暴气所使不可不慎。《经》曰："君子以作事谋始。"始之时义大矣哉！即有万不得已事情，私下处分不明，莫奈何闻诸官，只宜从直告诉，切莫架捏虚词，又要早知回头，不可终讼。圣人于《讼卦》曰："惕，中吉；终凶。"此是锦囊妙策，须要自作主张，不可听讼师棍党教唆，财被人得，祸自己当。省之，省之！

11. **毋事奢侈**　纵欲败度，速戾厥躬[⑨]，伊尹所以戒太甲也，况其下焉者乎？盖人生福分各有限制，若饮食衣服、宫室器用奢侈无度，不能留有余不尽之意以还造化，必无以养福。故世之贫穷者皆奢侈，有以阶之厉耳。然而世顾莫知，反者何哉？其弊在于好门面之一念，始不知好门面，则必至于浪费，浪费则必至于破产倾家，而为窭人子[⑩]矣，所谓门面安在乎？

12. **毋惑邪术**　禁止师巫邪术，律有明条。盖鬼道盛则人道衰，理之定者。故《传》曰："国将兴听于人，将亡听于神。"况百姓之家乎？故凡挟左道以惑众者，勿令至门。至于妇女之见庸下，更喜媚神邀福。其惑于邪巫也，尤甚于男子。且风俗日偷[⑪]，僧道之外又有斋婆、卖婆、尼姑、跳神、卜妇、女相、女戏等项穿门入户，诱哄财物，甚有犯奸盗者为害不小，须豫为之防，杜其往来，以免后悔。此是齐家要紧事。

——摘自"夏氏宗亲论坛"

【注释】

①茹蘖饮水：比喻孤洁清苦的生活。

②维厉之阶：指祸患的由来。

③天道好还：旧指恶有恶报。

④隳［huī］：荒废、毁坏。

⑤堕［duò］：堕落之意。

⑥审曲面势：工匠做器物，要仔细察看曲直，根据不同情况处理材料。

⑦印押：指印章和押字。

⑧歇家：旧时的一种职业，专营生意经纪、做媒作保、代打官司等业务。

⑨速戾厥躬：放纵情欲毁败礼仪法度，以召罪放其身。

⑩窭人子：指穷人家的子弟。

⑪日偷：指越来越苟且敷衍，只顾眼前。

钟氏祖训十二款

1. **家规当法** 一家有一家之法规。凡为子孙者，事亲当尽其孝，事长当尽其弟。推而一族之人莫不皆然，则大伦正大光明。吾今日为人子弟如此，他日为人父兄、子弟事我亦如此，上行下效，理势必然。此家规所当法也。

2. **家法当守** 家有法度。凡我子孙，当守本分，各务生业。戒嫖赌，戒贪饮，戒逸乐，戒争讼，戒奢侈。此数者，败名丧节，荡产倾家，最宜切戒。并勿以恶欺善、以富欺贫、以上凌下、以贵藐贱。此家法所当守也。

3. **耕读为本** 人有本务，不外耕读二事。盖勤耕则可以养身，勤读则可以荣身。苟或不耕则仓廪空虚，此乞丐之徒；不读则礼义不明，此愚蠢之辈。凡我子孙，耕者成耕，读者成读。此本业所当务也。

4. **勤俭为要** 勤乃立身之本，俭乃持家之方。盖勤则能变其贫，俭则常足其用。古语云："男勤于耕得饱食，女勤于织得身光。"量入为出，永无匮乏。此二者人道至要。吾子孙所当勉也。

5. **族谊当敦** 族大人繁，不能无贤愚富贵贫贱之异。凡我子孙，当念祖宗一脉流传，以贤养愚，以富济贫，以贵化贱。不可争小利而伤大义，不可逞小忿而讼大庭。纵有拂意，有情可原，理有可恕，当含容以待之。此族谊所当敦也。

6. **嫁娶当慎** 结婚取其德义，非资其势利，故能为者自强，靠戚者无志。我家先祖历传，多是宦族书香。凡嫁娶之事，必择良善礼义，故家乔木①，方可以结婚姻。嫁女勿贪势利而不审佳婿，娶媳勿图厚奁而不问淑媛。须知无德以守冰山易尽，不可不慎也。

7. **教子宜严** 爱之必劳，爱者即严，以教子成人之谓也。故必以义方，弗纳以邪淫。事严师亲贤友，勿任放荡纵其性情。戒行小惠，防其匪僻。使闻皆正言，见皆正行，行皆正事。事之谓严，而又涵育熏陶。俟其

自化以养之，则严而泰，子弟之德可成矣。此式谷②庭训所当知也。

8. **贫而无谄**　族众万派，岂必尽席丰盈；人生百年，岂无偶遭穷困？但当守分自重，不可妄作非为，以致祸败。亦勿卑屈乞哀，以致取羞辱也。

9. **富而无骄**　赖皇天之眷佑，荷祖宗之德荫，所以致富。欲长食乎天禄，思光大于前人，切不可骄。故虽富而万顷，亦当视有若无，不可恃财傲物。贵而三公③，唯是移孝作忠，慎勿倚势凌人。若在本族，尤当思一脉所出，车笠同涂④可也。

10. **远族当亲**　叶虽发于九州岛，根唯生于一处。凡属同姓，不论亲疏远近，都是一脉流传。来往会遇，必须相爱相敬，辨序尊卑，不可以为疏远而简弃之。若系贤为望族，则礼敬尤当隆重也。

11. **诚敬祭祀**　先灵聚于宗祠，祭祀宜肃；祖骸栖于坟墓，祭扫必诚。凡我子孙，每当佳节，凡遇祭期，须备牲牷酒醴⑤之仪，以行报本追远之礼。语云：豺狼尚知报本，况人为万物之灵者也。

12. **宝藏谱牒**　谱牒者，所以记祖宗之名号功德，而存奕叶之源委者也。故国有史，是国之宝；家有谱，乃家之宝。宜藏高洁，毋使污伤。今世人以金玉为宝，而不知谱牒之传比之金玉尤重。金玉失落有寻处，谱牒失落无地觅；漏却金玉一时恨，漏却谱牒万世恻。凡我子孙，前传之谱当知珍守，后起之谱宜继增修，庶原原委委奕叶流芳也。

——摘自《颍川堂上钟氏祖训十二款》

【注释】

①故家乔木：世家的人才、器物必定出众；世家大族。

②式谷：以善道教子，使之为善。

③三公：中国古代朝廷中最尊显的三个官职的合称。

④车笠：贵贱贫富不移的深厚友谊。同涂：同行止。

⑤牲牷：古代祭祀用的纯色全牲，泛指祭品。醴：甜酒。

汪氏祖训十条

1. **孝悌宜讲明也** 凡我族众有不爱其亲、不敬其长者，族房尊长宜时加训饬①，以杜忤逆之渐。有不悛者②，集同族开祠斥逐，永远不得入祠。

2. **污俗宜革除也** 乡俗之坏莫大于淫风，乡里之害莫甚于做贼、聚赌。不肖子弟游手好闲蹈此习者，除送官严究外，邀族房长开祠逐出，虽身后不准入祠。

3. **族簿宜修整也** 族中人丁繁衍，派易于混淆，有非我族内而妄以伯叔兄弟呼者，亟宜会集斯文，共襄此举。

4. **婚姻宜慎择也** 族中许聘之家，须于是日到祠内下书一封。其有门户不相匹配，玷辱家声，即行逐出，不许入祠。书仪定为二则：彩轿一千文；青轿五百文。隐瞒不举者，查出倍罚。

5. **司年宜公忠也** 凡十甲轮当，其账目同上下次头，而算余则封交下首，以备歉岁补偿。至弃伐坟山，更当会议。

6. **祠产宜慎守也** 凡遇荒歉之岁，祠租该让若干，须会众公议。每年收清后，尤须会议，时价粜出。每当私匿违者，议罚。其小买交易，凭大买业主居中。

7. **轻生宜杜绝也** 乡里恶俗有子挟其父、妇挟其姑，以及寻仇作命者，往往抛一死以害人。此后如有犯者，男主不入宗祠，女主不入支祠。若夫殉义、妇殉节者，不在此例。

8. **祠宇宜洁净也** 头门③封锁，无事不得擅开。如纵放杂人混扰，以及堆放什物，定当议罚。

9. **簿籍宜永守也** 祠内归户签簿，残失日久。今新立签簿，定其租额，存祠轮交。庶免产业侵占，而钱粮宜得肃清。

10. **衣冠宜整齐也** 凡与祭宴饮，俱要冠丁各穿公服入祠。若衣冠不整，以及未出动者，与祭宴一体议可。

——摘自“汪氏宗亲网论坛”

【注释】

①训饬：教训戒勉。

②不悛：坚持作恶，不肯悔改。

③头门：指建筑物正面的大门。

任氏家训

1. **立德** 尊师重道，敬长礼朋；宽厚待人，以直抱怨。人短莫谈，己长莫夸；责人责己，恕己恕人。和睦戒争，多行善事；知耻惧法，切莫为非。

2. **立志** 自尊自重，三省慎独；自立自强，穷且益坚。惜时如金，物必其用；勤俭笃学，志向高远。

3. **立行** 举止儒雅，谈吐文明；谨慎择友，常伴贤良。谦虚礼让，患难相扶；待人以宽，处事贵和。穷富莫比，虚荣莫攀；戒妒戒贪，清廉为公。不欺弱小，有过必改；忍无可忍，三思而行。

4. **立事** 当识时务，贵通权变；理能屈伸，行敢冒险。敬业用恒，求真务实；善假于物，众志成城。

5. **立人** 忠厚诚信，乐观豁达；淡泊宁静，宠辱不惊。小事糊涂，大事清醒；明哲保身，知足常乐。

6. **立家** 教子以德，训诫从严；书香门第，积善之家。不忘祖训，不泥祖法；四时祭拜，明本知源。

——摘自《任氏家训》

姜氏家训

中华三德歌（代家训）

滚滚黄河，浩浩长江；巍巍中华，屹立东方。

文明古国，礼仪之邦；传统文明，源远流长。
欣逢盛世，改革开放；政通人和，百业兴旺。
道德建设，民心所向；文明新风，神州荡漾。

社会公德歌

我生社会，如苗在壤；立身处世，当重修养。
待人接物，礼貌谦让；人敬一尺，我敬一丈。
尊重他人，相互体谅；将心比心，切莫毁伤。
虚情假意，人际沟壑；真诚相待，如沐春阳。
急人所急，想人所想；扶危济困，古道热肠。
敬老爱幼，助残扶伤；一片爱心，万缕阳光。
助人为乐，品行优良；雷锋精神，代代发扬。
公众场合，注重形象；讲究卫生，恪守规章。
言谈举止，不可疏狂；着装整洁，仪态大方。
公共财物，大众共享；自觉爱护，损坏赔偿。
他人有险，挺身而上；见义勇为，正气伸张。
社会治安，群管群防；遵纪守法，乐业安康。
文明创建，美化城乡；人焕精神，地换新装。
防止污染，净化四方；山清水秀，鸟语花香。
保护生态，节用宝藏；造福子孙，功德无量。
国家兴衰，匹夫不忘；精忠报国，青史昭彰。
与外交往，不卑不亢；崇洋媚外，愧对炎黄。
富贵不淫，威武不让；气度恢宏，协和万邦。
百年屈辱，世事沧桑；催我奋起，拼搏图强。
社会公德，牢记心上；文明公民，人人争当。

职业道德歌

当今社会，各业各行，服务大众，敬业爱岗。
人民公仆，清正贤良；防腐拒贿，无欲则刚。
心系群众，关心痛痒；勤政务实，造福一方。
执法人员，镜悬公堂；无私无畏，国徽闪光。
惩恶除害，扶正安良；服务经济，保驾护航。

工人做工，尽职爱厂；安全生产，注重质量。
钻研技术，能工巧匠；提高效益，振兴工矿。
农民务农，科学种养；多种经营，五谷飘香。
不忘国家，纳税交粮；勤劳致富，共奔小康。
服务行业，文明之窗；诚实守信，顾客至上。
货真价实，不欺不诳；合法经营，繁荣市场。
科技英才，重任担当；刻苦攻关，勇于开创。
严谨治学，力戒虚妄；多出成果，不负众望。
文艺工作，两为方向；精品纷呈，百花齐放。

家庭美德歌

细胞健康，肌体强壮；家庭和睦，社会安祥。
婚姻自主，真情为上；志同道合，比翼翱翔。
相濡以沫，互敬互让；义务分担，甘苦同当。
情结连理，地久天长；品不嫌弃，富不相忘。
计划生育，国之纪纲；少生优育，民富国强。
生儿育女，尽责抚养；言传身教，力戒纵放。
琢玉成器，炼铁为钢；自强自立，能经风霜。
养育之恩，天高地广；孝敬父母，千古伦常。
嘘寒问暖，侍药奉汤；寸草难报，三春晖光。
兄弟姐妹，出自一堂；让枣推梨，手足情长。
婆媳妯娌，和气致祥；相互体贴，合家舒畅。
邻里街坊，朝夕守望；出入相友，急难相帮。
小区生活，丰富多样；歪风陋习，坚决抵挡。
迷神信鬼，吃亏上当；崇尚科学，利民兴邦。
婚丧喜庆，莫讲排场；攀比挥霍，人劳财伤。
提倡节约，反对铺张；勤俭持家，福泽绵长。
从我做起，当仁不让；民风淳淳，国运恒昌。

——摘自《永定姜氏族谱》

范氏家训

父母恩似天，不忤逆堂前；忤生忤逆子，孝则代代贤。
须知父母恩，曾有大贡献；辛苦为谁忙，功荣要记全。
谁将我养大，饮水应思源；知恩要尽孝，报答到晚年。
老弱由子养，责任要周全；自己也会老，同样受人怜。
饥寒要关怀，慈亲莫作贱；若然经济便，学敬多点钱。
高堂有温暖，欣慰心甘甜；内心存孝义，感地又动天。
世界轮流转，万事有相连；千古皆应验，诚心种善田。
往往神迹现，福寿到身边；孝心有好报，从来不虚玄。
因果循环定，至今万万年；欲求添福寿，百善孝为先。

——摘自《福建永定范氏族谱》

范氏家戒十条

一戒不孝不悌　孝悌乃百行之原。族中子弟倘有不顾父母，不敬尊长，悖理乱伦者，属缺德丧天良，合族宜严责。

二戒不公不法　秉公守法为世人所钦仰。有偏私为己、倚势凌人者，合族宜惩责。

三戒游手好闲　力作工商乃养生之道，游手好闲实为盗之源。倘有私窃家物，勾引外贼，为家为人之害者，合族尤宜惩究。

四戒恣情嫖赌　正业乃生人之务，恣情嫖赌品既不端，家亦日削。为子弟者，宜知所儆。

五戒拖欠国税　钱粮宜早完纳，务必年清月结。倘若拖欠，国法难容。合族子弟应戒之。

六戒结盟拜会 聚众乃例禁森严，结盟拜会国法难容。族中子弟切切牢记。

七戒酗酒打架 酒饮过度，得罪亲朋，纠众打架，祸由此生。族中子弟理当切戒。

八戒倡优隶卒 勤劳者贵，不劳者贱。凡我族人应宜常记。

九戒结交坏人 凡人交结慎择正人，品德恶劣不与为伍。族中子弟时时牢记。

十戒灭伦犯众 族中子叔宜尊长守法，灭伦犯众，人人耻之。族中子弟应宜常记。

——摘自《范氏家戒十条》

方氏家训七则

家必有训，其义著于经详于传，散见于诸子百家，固明辨析而纯粹精矣。顾或义正而词严，或言婉而意深。贤知有遵循之乐，愚不肖苦无悟人之方。先儒若颜氏、吕氏、司马温公、考亭朱子，各著成言，单为家人说法，意良深哉。今特约举其最关日用而易于通晓者，撰家训七：

1. **敬祖宗** 敬祖先者，未有不睦宗族也；敬睦宗族者，即所以敬祖先也。故每岁祭祀宜踊跃争先各展孝思，各省坟墓随时修筑，方不愧为子孙。我族除衰老稚幼，自五十岁以上、十五岁以下及出远贸易、应试外，有不登山与祭者，罚除胙肉①，不准入席。虽无服疎族②，当念属一脉，各尽族谊之情。庶尊卑老幼，相秩以分，相联以恩，上可告无罪于祖宗，下亦可垂法于后世也。

2. **孝父母** 孝为百行之原。谁非人子，谁无父母。一家之人有能孝顺父母者，一家化之；一乡之人有能孝顺父母者，一乡化之。试观兵刑讼狱之际，狂荡暴疾之流一见孝父母之人，而惶然感泣，戚然伤心，孝之感人至深且切也。自兹以后，凡我族之人，当思身所自出，克尽孝道，则大本不亏，无愧为人子矣。

3. **敦孝悌**　亲者，身之根本也；兄弟者，身之手足也。根本丧，则枝叶坏矣；手足亏，则腹心痛矣。然则，如之何而可③？曰爱、曰敬、曰友、曰恭。

4. **严内外**　《易》曰：男正位乎外，女正位乎内。言有别也。《礼》曰：内言不出于阃④，外言不入于阃。以远嫌也。故居家莫如和而济，和则以严。

5. **勤耕读**　不耕则饥，不读则愚。饥与愚，生人之理息矣。然亦有耕而饥、读而愚者，曷故？曰惰。惰之，为害大矣哉。反其弊者，莫如勤。

6. **崇节俭**　俭，美德也。《易》曰：不节若，则嗟若⑤。夫不节则嗟，无及咎⑥，无庸矣。族之贫者，其节俭固不待言，即家素饶裕，亦当循分自安，岂曰守财以惜福也？

7. **择交游**　与善人交，则所言者善言，所行者善行，骎骎⑦乎日进于善，而不自知。与恶人交，则所言者恶言，所行者恶行，骎骎乎日流于恶，而不自知。所谓入芝兰之室久而不闻其香，入鲍鱼之肆⑧久而不闻其臭，即此意也。夫吾族中凡敦友谊者，宜亲君子远小人，慎择而交之，然后人己两不失也。

——摘自《方氏家训》

【注释】

①胙肉：祭祀时供神的肉。

②无服疎族：古丧制指五服之外无服丧关系称“无服”；疎，同“疏”，疎族即远族、远亲；无服者死不服制，称为“疎族”。

③然则，如之何而可：既然这样，如何可以做到敦孝悌呢？

④阃［kǔn］，门槛，门限。

⑤不节若，则嗟若：如果对需求和欲望不节制，就会后悔嗟叹。

⑥咎［jiù］：祸害。

⑦骎骎［qīn qīn］：比喻进行得很快。

⑧鲍鱼之肆：卖渍鱼的店铺，比喻小人集聚的地方。

石氏家训

治家篇・勤俭

1. 由俭入奢易，由奢入俭难。常将有日思无日，莫将无时思有时。

2. 视财不可不轻，又不可不重。轻者义理所在，千金可挥；重者称啬艰难，一毫宜惜。

3. 节俭二字，诚治家之宝也。但孝养父母，赈恤贫苦，则不可移节俭而吝啬也。

4. 俭而不勤，徒俭；勤而不俭，徒勤。

5. 人患子弟不聪明，吾患子弟不诚实；人患子弟富贵，吾患子弟不俭约。盖诚实真聪明也，俭约久富贵。

处世篇・为官

1. 莅官则洁己省事，而后可以言守法，守法而后可以言养人。直不近祸，廉不沽名。廪禄[①]虽微，不可易黎氓[②]之膏血[③]；夏楚[④]虽用，不可恣褊狭之胸襟。

2. 天下存亡，匹夫有责。人无论达，莫不有国。达而在位，应尽瘁国事，自然必然。穷而在野，或闭门著书，或抉犁耕雨，亦尽力为国之责也。

3. 胆欲大，心欲小[⑤]；智欲圆，行欲方[⑥]。

4. 《传》曰："求忠臣于孝子之门。"不尽孝于家，而能忠于国者，未之有也。

5. 善用威者不轻怒，善用恩者不妄施。

6. 居上之患，莫大于赏无功赦有罪，尤莫大于有功不赏而罚及无罪。是故善为政者，任功罪不任喜怒，任是非不任毁誉。所以平天下之情，而防其变也。此有国家者之大戒也。

7. 用人与教人正相反。用人当用其所长，教人当教其所短。

处世篇·邻里

1. 乡里是同乡共井，比居相近，务须一心一德。好事大家共成之，不得故生异同；不好事大家共改之，不得私行诽谤。彼此交际，和气蔼然。

2. 既为乡里，最贵尚义行仁。勿以口角讥评积为怨府；勿以儿童嬉戏酿厥祸胎；勿以众多而凌辱庶姓；勿以富厚而欺逼孤贫。

3. 故旧穷亲，不可远异。

4. 处乡党：年高有德者必恭敬之；困苦卑贱者必周恤之。闺门隐事不可传播；口舌是非不可挑唆。疾病丧死大家扶持；火烛贼盗大家救援。相争讦告⑦调停劝解，自然尔亲我爱讼狱全无。

5. 乡愚之见，大抵一钱必争，滴水不让。有让一钱者，则争钱者愧；有让滴水者，则争水者惭。纵争者愚甚，不愧不惭于我亦无大损，何如不争以息事宁人？故让者乃息争矫俗⑧之道也。

处世篇. 相处

1. 勿谓害小而为之，害不积不足以伤生；勿谓益小而不为，益不集无由以致健；勿嗜爽口之食，必节必精；勿从目前之欲，而贻来日之病。

2. 有利于己无利于人，君子不为而小人为之。有害于己无害于人，恶人不为蠢人为之。既利于己并利于人，君子为之。

3. 困苦之时，正是磨炼造就阅历人情世故之候，一生本领尽在此处得来。不可困而委顿，如无根小草不耐风霜。看过《二十四史》，古来有大功业人，孰非从艰难困苦中来？

——摘自《石姓文化研究》

【注释】

①廪禄：禄米，俸禄。

②黎氓：平民百姓。

③膏血：指血汗换来的财富。

④夏楚：教鞭，泛指体罚学童的工具。

⑤胆欲大，心欲小：指任事要勇敢，而思虑应周密。

⑥智欲圆，行欲方：指知识要广博周备，行事要方正不苟。

⑦讦告［jié gào］：揭发控告。

⑧矫俗：矫正世俗。

谭氏祖训

1. **敦孝悌以全人伦** 孝悌为百行之首。凡为人者当尽孝悌之道，尊老爱幼，恤孙养寡，和睦家庭。

2. **笃宗族以昭雍睦** 宗族为万年所同，虽支分派别，则族为则源同一派。凡我族人应同舟共济，危病相扶，患难相帮。

3. **和乡党以息争讼** 和睦乡邻为处世之道。视乡党为兄弟守望相助，遇事应谦和相让。勿争执，勿械斗，勿兴讼。

4. **明礼义以厚风俗** 礼义乃人生之本。莫恃势骄横，莫附强凌弱，莫显富贱贫，做一个正人君子。

5. **务本业以足衣食** 士农工商各司其业，业精于勤荒于嬉。要靠自己双手勤劳创造财富，自食其力，不得游闲放荡。

6. **训子弟以禁其非** 持严教训子弟，非人之事莫为，不义之财莫贪；戒嫖娼，戒吸毒，戒偏行。

7. **尚节俭以惜财物** 勿慕一时之虚荣，财尽其用。凡事要量力而行，免致以后穷窘难堪。人生不可一日无财，知俭则常足，奢侈常不敷。谨记此理。

8. **守国法以当义民** 义乃八德之一。人能行义则不生私心贪欲之念，应以正心做事。义民乃贤人笃义之民，守国法必须严格遵守法律法规，做守法公民。

9. **勤读书以明事理** 多读书读好书，博览群书以知天下事理，明白事理学会做人。要做人，做一个好人。人的学习应该跟吃饭一样，每天不学习大脑就饥饿。学习是一个人前进的动力，成功的保证。一个爱好学习的人，必定是一个大有希望的人；一个爱好学习的家族，必将是一个发达兴旺的家族。

10. 慎交游以端品德　人生做事未必可以独行，交游朋友不可少。孔子诲子曰：“应择其善者而从之，其不善者而改之。”若交友昧不择人，遇不良之人常往来，则近朱者赤近墨者黑，被诱之以妄，激之而生事，朋比为奸，小事则失廉耻，大事则丧命。此皆交友不慎之故也，吾人切记。

——中华文本库《谭氏祖训》

廖氏求可堂家训

（清·廖冀亨）

1. 读书　生员、监贡、举人、进士，鼎甲为之，即作幕教读，亦不失为斯文。故为第一。文职出仕亦在读书之列，武职亦在出仕之列，然读书尤以礼品为先。

2. 业医　良医功并良相，有太医院之设。故为第二。

3. 地理选择　地灵人杰，有好地必有好子孙，是以地理重焉。选择风水之助，比并及之。然学以为己，非以为人，故列为第三。

4. 商贾　生意为求财之路，为养命之源。行货曰商，居货曰贾，皆所以为财也。礼义生于富足，财亦安可少哉？故列为第四。

5. 耕田　耕田为最苦之业，然能力农使丰衣足食，即为读书商贾之地也。民以农为次，良有深意焉。以其浮夸，毋宁务实。故列第五。

星卜为下，其余手艺即糊口而已。然百姓百条路，肯学皆可。至于打铁一艺，则余所深恶焉，尤不愿我子孙学此者。戒使性，戒赌博，戒烟酒，戒游手；要勤俭，要谦恭，要慎言，要和气；慎交游，慎起居，慎闺门，慎祭祀。此四戒四要四慎，乃人生立身行已、持家善世之务。凡我子孙须一一恪遵；凡我子孙毋忽毋违。至于量大则无为难学，然必福大之人方能量大也。

——摘自《福建永定县廖氏族谱》

廖氏族训

大凡子弟之率不谨，皆由父兄之教不先。是以生聚之后，必加之教，而后不上贻天地凝形赋性之羞，下不为父母流传一气之玷。苟无教以维之，则情虽亲而人不类，谊虽属而势必疏。聚族滋多，所忧日大，则教又曷可少也。吾族户口殷繁，为士之外，尚不乏人。所惜在家既乏师资，入塾仅堪识字，固有不安本分，妄有作为，而梦梦终身者。即间有性情愿悫①，而狃于见闻，亦第知有俗情，而不知所以为人之理。人心之日坏，习俗之日偷，职是故耳！兹列族训并圣谕，以为训诫。所望族中贤达，悯斯人之愚昧，尽启迪之婆心。养其德性，遏其邪心，广其器识，谨其嗜好。而凡持身涉世之道，迁善远罪之方，一一曲为开导。将化浇漓浮薄之习，成遵道遵路之风。吾知一族之人，皆能不坠家声，以保世而滋大。而风俗之成，即是可操其券矣。

1. **遵乡约** 陈榕门跋王陵园箕宗曰：一乡之内，异姓错处，尚且有约，交相劝勉，况于宗族。以其尊长约其子弟，临以宗祖训诫后裔，较之异姓情谊更亲，观感尤易。则为孝子，为顺孙，为盛世良民，均不外实行乡约。第以人不肯奉遵，斯自蹈于过恶。祖宗在上，岂忍子孙辈如此？嗣后宜依我氏乡约，第以人不肯劝，过失相规，礼俗相交，患难相恤。择有齿德者一人总其事，有学行者数人副之。置簿稽查，优游井里，共成善俗。将见成周太和之象，近在目前。而子孙宗族，共跻仁寿之域，非遵乡约之明效欤。

2. **惩不孝** 孩提知爱，本自性天。苟背本忘亲，则非人也而禽兽矣。夫孝者，天之经，地之义，民之行也。人不知孝父母，独不思父母爱子之心乎？当其未离怀抱，饥哺寒衣，以养以孝；至于成人，复为授家室，谋生理，百计经营，心力俱瘁。父母之德，实同昊天罔极。所患习焉不察，致自离于人伦之外，则刑罚随之矣。孔子曰：“五刑之属三千，其罪莫大于不孝。”嗣后族中长老，宜为族中讲明此理，使知畏法，庶几各凛成宪，远于罪戾。至兄弟不和，亲心滋戚，未有不友而能孝者。故不孝与不悌相因，怀刑方可免刑。盖守法爱身，宜先于本行加之意也。

3. **正闺门** 闺门为万化之源。男正位乎外，女正位乎内，经训昭然。乃近世贫家妇女，往往力田采薪自食其力，其或肩挑度日。瘠土之民，劳亦！迫于势之所不得已也。然出则挈女伴而行，入则日未昏而返，必令之男女异群。至富贵之家，烹饪井臼之外，当习学针工，持瀚濯[②]，种蔬馌耕等事，势亦不免。盖逸则生淫，劳乃思善，有不得不习劳执勤者在也。夫内言不出，妇人原不得昧逾阃之闲。然归宁父母，亲戚庆吊，实出于情不自已。若迎神赛会，艳妆出游，为弊滋大，必须严禁。其余三姑六婆，不使上门，庶自惜廉耻，不为门户羞。又吾族昔订规约，凡有渎伦乱宗，行同狗彘者，除送官究治外，仍须革丁逐出。盖万恶淫首，必峻其防，固有夫如何者在也。

4. **端蒙养** 《易》曰："蒙以养正，是为圣功。"近世教法不修，颛蒙子弟入塾数年，虽读书识字，而未知所以为人之道，涉世之方。有茫然不知所谓，卒至荡检逾闲，干名犯义，有蹈于法网而不自觉者矣。夫人之淑慝邪正，必自为弟子之日始。诚能于知识未开之际，即孝以立身修己之道，使之束身名教之中，用力伦常之地，审夫义利之关，严察夫人禽之界。异日读书有成，固可为国家柱石，即改习农工商贾，亦不失为乡里善人，不至流于邪僻矣！语云："少成若天性，习惯成自然。"然则义方之教，切磋之功，可不豫严于蒙之年乎？

5. **完正供** 维正之供，古今所同，拖欠钱粮，便是不良百姓。夫以下奉上，先公后私，民之职也。吾辈食毛践土，具有天良，而可任意抗欠乎？但各邑地瘠民贫，半多山居，又多从事商业。查额载租米，民米岁收不过数千石，每当开征，胥役四出，剥啄叩门，多方需索。大户绅户尚不甚累，若贫寒下户或流亡绝户，荀欠旧粮，升米千钱，一经差追，非数十百倍偿纳不止。甚至囹圄系缧，鬻妻卖子抵债，乡里受害者，目见耳闻，比比皆是。嗣后族中父老，每岁春祭时，宜敦戒子弟，将应完课赋，依期交粮，书需缴库，无少欠缺。虽有虎吏狼差，亦不敢到乡隅肆意诛求。然后以其所余养父母、毕婚嫁、给朝夕、供伏腊，庶几为良民，为孝子，永享无事之福矣。

6. **息争讼**　讼者危事，无理能败，有理亦能败。无如世俗好讼，睚眦微嫌，辄登吏堂，甚至兄弟叔侄，累讼弗息，至两败俱伤，负者自觉无颜，胜者人皆侧目。衅起毫毛，祸积丘山，多由于此。夫古之人，有誓终身不登讼庭者矣。或曰："显示之弱，启侮之道也。"不知侮在人，可侮不可侮在己。自守以正，人不肯侮；所行无失，人不能侮；出之以谦，人不忍侮；处之以让，人不终身侮。如以暴待暴，以暴防暴，一对小人，一般受祸，吾未见其可也。嗣后族中，或有争衅，族长房长，必须苦口相劝，不惮再三，人自服其公，感其诚，而涣然冰释，不至成讼。盖排难解纷，为行门中第一义。昔人谓：暗地教唆最为险恶，平情息讼莫不阴功。此言当深念也。

7. **厚宗族**　家之有宗族，犹水之有分派，木之有分枝，虽远近异势，疏密异形，然其初兄弟也。兄弟虽多，其初一人之身也。以一人之身，而相视如途人，相待如秦越，薄待吾宗，是即薄待吾祖也。夫宗族之间，虽有亲疏、远近、贵贱之不同，而自祖宗视之，则皆子孙也。亲之于疏，宜思何如以敦睦之；近之于远，宜思何如以周恤之；贵之于贱，宜思何如以劝勉之。始见好恶相同，忧乐相共，音问相通，声势相倚，纲纪相扶，有无相济，出入相友，德业相劝，过失相规，农末相资，商贾相合，水火盗贼相顾，疾病患难相恤，婚姻生死相助。强不凌乎弱，众不暴乎寡，一族之内，和气翔洽，仁风滂沛③，上不愧乎祖先，下不愧乎族姓。斯拔去浇漓之习，挽回淳厚之风矣。如因小利而相争，因小忿而启衅，相倾相轧，相怨相角，此不肖行为，祖宗亦深恶之矣。陶渊明云："同源分流，人世易疏，慨然寤叹，念兹厥初。"人宜三复斯言。

8. **务积德**　《易》曰："积善之家，必有余庆；积不善之家，必有余殃。"又曰："善不积不足以成名，恶不积不足以灭身。"人之为善，是理所当为。其不为不善，亦由此心之良，不敢自丧，非欲邀福于天也。然论其常理，吉凶祸福，恒必由之。是积德之事，不可缓也。但积德不论贫富，如诲人善、解人厄、息人争、广劝化、襄义举，随时可积，原不俟夫有余也。至富则以能族为德，天畀我以富，托以众贫者。苟专利自私，一毛不拔，大之社仓义学无济于人，小之不闻微劳片绩为宗族，则天厌之，人恶之矣。柳州有言："吾宗宜硕大有积德者焉。"范文正公曰："积金以遗子孙，未必能守；积书以遗子孙，未必能读；不如积阴德于冥冥中，以为子孙长久之计。”族之人果将两贤之言而深思之，当必有恍然悟奋然起者。破吝则公，施仁则惠。吾不敢薄待斯人，而谓沾沾卑卑终于自私自利也。

9. **勤职业** 士农工商，各有专业，然后可养其身家。但恐日久生厌，见异思迁，作非分之营求，生意外之妄想，势必资生寡策，历久无成，而职业遂废矣。夫子弟当十三四岁时，贤愚已定。为父兄者，当视其性之所近，专习一艺。士则穷年孜孜，服习诗书；农则春耕秋歛④，不失其时；工则日省月试，居肆成事；商则通有无，权贵贱，务体公平，勿蹈欺诈。因才授业，而专课其成。而又不为僧道，不为胥役，不为优戏，不为椎埋屠宰。斯所习学者正矣。他如赌博一事，既丧人口，亦坏心术。近来相习成风，招祸速衅，多由于此。至洋烟之毒，为害尤深，俱当设法严禁。庶几一族之内，无游惰之民矣。

10. **尚书俭** 人生不能一日而无用，即不可一日而无财。然必留有余之财，然后可供不时之用。则节俭尚焉。但世人不知撙节⑤，往往衣好鲜丽，食求甘美，以数千夫之力，不足供一夫之用，积岁所藏，不足供一日之需，甚至称贷以遂其欲，子母相权⑥，日复一日，债深累重，饥寒不免矣。夫食以惜费，亦以惜福。惜费则无穷窘之虞，惜福则无满损之虑。此老氏所以以俭为贵也。今后族中宜各戒奢华，冠礼初则用小帽深衣，继则用大帽外褂，三则用金花彩红，但以殽酒果品成礼。婚则不虚装体面，一切往来，但求合大体意，女家不索重聘，男家勿计厚奁。丧则衣衾棺椁，必诚必敬，不得务为美观，亦不得置酒肉宴客。祭则牲牷必诚，粢盛必洁。不得演戏酬神，赛会祈福。为天地异物力，为国家异恩膏，为祖宗异往日之殷勤，为子孙惜后来之福泽。则所以养其廉者在是，所以昌大其宗族者亦即在是也。

右载族训：凡做人之道，大端已备。贤智者果能体此兢兢，中才者又毋听此藐藐。绵延世泽，光大门闾，于吾族有厚望焉。

——摘自《永定县廖氏族谱》

【注释】

①愿悫［yuàn què］：指朴实、诚实。

②瀚濯：洗涤。

③滂沛：丰盛、气势盛。

④歙［xī］：收。

⑤撙节：节制、节约。

⑥子母相权：指放债取息，文中指“借债付息”。子，利息；母，本金。

邹氏家训

孝

得亲可使亲心欢，顺亲可致亲心安；
富贵故足以荣亲，寡过自不敢辱亲。

悌

既不敢以贤智先，又岂可以富贵炫？
随行后长不敢乱，容貌辞气不敢暴。

慈

己之子弟爱中严，人之子弟责内宽；
鳏寡孤独宜相济，邻里宗族宜相安。

清

心清可以寡心欲，身清可以免身忧；
不恋声色品自高，不贪货利分不隘。

勤

耕者勤则衣食足，读者勤而功名成；
治家勤而家兴旺，治国勤而国太平。

俭

天道恶盈而好慊，君子严奢而喜俭；
勤俭兼之当富贵，勤俭之家耐久长。

恭

恭而在上上不凌，恭而在下下不侮；
既不亢以至于骄，复不卑而致于谄。

敬

心存敬心邪自消，身存敬身动不妄；
敬以待人人敬我，敬以处事事安祥。

忍

由来忍字最为高，百忍无忧嘱尔曹；
临事之时忍耐过，过后方知忍气高。

和

阴阳和而雨泽降，夫妇和则家道成；
兄弟和而争论少，乡邻和而是非平。

——摘自《寿朋堂邹氏家谱》

熊氏家规戒条

孝顺父母，尊敬长上；友爱兄弟，和睦乡党。

保护祖茔，时修祭祀；建立祠宇，谨慎丧葬。

隆重师傅，勤读诗书；努力耕种，严肃闺门。

戒忤逆，戒淫行，戒赌博，戒斗殴，戒争讼，戒侵占，
戒刻薄，戒奢华，戒溺女，戒宰杀，戒偷窃，戒洋烟。

——摘自《中华熊氏通谱》

陆氏家训

欲寡精神爽，思多血气衰；少杯不乱性，忍气免伤财。

贵自辛勤得，富后伦约来；温柔终有益，强暴必招灾。
正直真君子，刁唆是祸胎；养寿须修德，欺心枉吃斋。
衙门休出入，乡党要和谐；暗中休放箭，巧处藏些呆。

——摘自《陆氏家训》

孔氏家训十条

1. 春秋祭祀，各随土宜；必丰必洁，必诚必敬。此报本追远之道，子孙所当知者。

2. 谱牒之设，正所以联同支而亲本。务宜父慈子孝、兄友弟恭，雍睦一堂，方不愧为圣裔。

3. 崇儒重道，好礼尚德，孔氏素为佩服。为子孙者，勿嗜利忘义出入衙门，有亏先德。

4. 孔氏子孙徙寓各州县，朝廷追念圣裔，优免差役。其正供国课只凭族长催征，皇恩深为浩大。宜各踊跃输将，照限完纳，勿误有司奏销之期。

5. 谱牒家规，正所以别外孔而亲一体。子孙勿得互相誊换，以混来历宗枝。

6. 婚姻嫁娶，理伦守重。子孙间有不幸再婚再嫁，必慎必戒。

7. 子孙出仕者，凡遇民间词讼，所犯自有虚实，务从理断而哀矜勿喜，庶不愧为良吏。

8. 圣裔设立族长，给与衣顶，原以总理圣谱，约束族人。务要克己秉公，庶足以为族望。

9. 孔氏嗣孙，男不得为奴，女不得为婢，凡有职官员不可擅辱。如遇大事申奏朝廷，小事仍请本家族长责究。

10. 祖训家规，朝夕教训子孙。务要读书明理，显亲扬名。勿得入于流俗，甘为下人。

——摘自《孔氏家谱》

毛氏家劝十则

1. **培植心田** 一生吃着不尽，只是半点心田；摸摸此处实无愆，到处有人称羡。不看欺瞒等辈，将来堕海沉渊；吃斋念佛也徒然，心好便膺帝眷。

2. **品行端正** 从来人有三品，持身端正为良；弄文侮法有何长？但见天良丧尽。居心无少邪曲，行事没些乖张；光明俊伟子孙昌，莫作蛇神伎俩。

3. **孝养父母** 终身报答不尽，唯尔父母之恩；亲意欣欣子色温，便见一家孝顺。乌鸟尚知报本，人子应念逮存①；若还忤递悖天伦，只恐将来雷震。

4. **友爱兄弟** 兄弟分形连气，天生羽翼是他；只因娶妇便参差，弄出许多古怪。酒饭交结异姓，无端骨肉喧哗；莫为些小②竞分家，百忍千秋佳话。

5. **和睦乡邻** 风俗何以近古，总在和族睦邻；三家五户要相亲，缓急大家帮衬。是非与他拆散，结好不啻朱陈③；莫恃豪富莫欺贫，有事常相问讯。

6. **教训子孙** 子孙何为贤知，父兄教训有方；朴归陇亩秀归庠，不许闲游放荡。雕琢方成美器，姑息未为慈祥；教子须如窦十郎，舔犊养成无状④。

7. **矜怜孤寡** 天下穷民有四，孤寡最宜周全；儿雏母苦最堪怜，况复加之贫贱。寒则予以旧絮，饥则授之余粮；积些阴德福无边，劝你行些方便。

8. **婚姻随宜** 儿女前生之债，也宜随分还他；一时逞兴务繁华，曾见繁华品谢。韩侯方歌百两，齐姜始咏六珈；大家从俭莫从奢，彼此永称姻娅⑤。

9. **奋志芸窗** 坐我明窗讲习，几曾挥汗荷锄；驱蚊呵冻志无休，诵

读不分昼夜。任他数伏数九，我只索典披图；桂花不上懒人头，刻苦便居人右[⑥]。

10. **勤劳本业** 天下有本有末，还须务本为高；百般做作尽糠糟[⑦]，纵有便宜休讨。有田且勤尔业，一艺亦足自豪；栉风沐雨莫乱劳，安用许多机巧。

——摘自《毛氏二修族谱·卷二》

【注释】

①逮存：指趁父母健在多加孝敬。

②些小：细小，微小。

③不啻朱陈：不亚于两家结成姻亲。朱陈，徐州古丰县两个古村名，一村只有两姓，世世为婚姻。

④舔犊：母牛舔小牛，比喻对子女的疼爱。无状：没有功绩；行为失检，没有礼貌。

⑤姻娅：亲家和连襟，泛指姻亲。

⑥人右：古代称等级高的为右。

⑦糠糟：指粗劣的食物。

邱仰峰遗训

子孙学祖文，须当忍耐、忍耐、又忍耐，坐作进退决成败。孔明先机能逆睹[①]，吾人怎得不忍耐？

后裔法高曾[②]，须当宽怀、宽怀、又宽怀，顺逆修短已安排。孟氏还言有义命，吾人怎得不宽怀？

——摘自《永定邱氏族谱》

【注释】

①逆睹：预知。

②高曾：高祖和曾祖，泛指远祖。

丘氏家联训

敦诗书，习礼乐，是祖上遗徽①，愿子孝孙贤，永传典范；
睦宗戚，和乡邻，乃人间盛德，看风淳俗美，同挹②清芬。

渭水著功名，念始祖灭纣兴周，尊崇武训；
营丘立姓氏，愿吾辈开来继往，奋作英豪。

尚好与人同，敦厚立身为世范；
纶经非特略，正常处事便留名。

敬其事而能爱人，慕义施仁，方称志士；
业尚勤尤贵惜物，乐群好道，不愧完人。

——摘自《丘氏致政公一脉宗谱》

【注释】

①遗徽：生前的美好德行。

②挹：汲取。

江氏金丰祖训

自石壁而迁九磜①，自九磜而迁金丰高头、平和大溪、诏安霞葛，传世久远，子孙兴盛。因地不足以容人之大半荡析离居，或在漳或在潮，就地当差，遂分尔我。我祖因聚族会议，设立训辞曰：

迁者迁，守者守，各从其愿。日后往来询问，叔侄相认者发福无疆；忘本背义者贫穷夭折。孝顺者长寿富贵；忤逆者遭凶遇害。教子读书，使知礼义；勤攻四业，务安本分。贵显莫恃强凌弱，微贱切勿附势趋炎。如有行恶偷盗、奸猾骗人不肖子孙，许众房觉察重处。若移居异地被势豪欺压、诬盗杀伤及图赖②等情，各房长应会众告官理究，勿得落人圈套。与异姓同居，务要听从乡规，遵守民约；勿得违众独霸，以取众恶；早纳公粮，勿负私债。富贵莫设娼宿妓，贫穷莫偷盗鼠窃。莫因小忿而成大祸，勿贪小利以致大害。凡我子孙，慎听我言，慎勿忽略。

【注释】

①磜：方言音［zhài］。客家地区地名常用字，意为高大的石壁悬崖。

②图赖：诬赖。

江氏祠规十七则

1. **敦孝行**　善莫大于孝，罪莫大于不孝。念罔极之恩，即竭力以供子职，犹恐有遗憾焉。故礼则温清定省，事则敬承善体。德成名立，显扬其亲。圣人之教，人至详且悉。若好货财、私妻子、乖骨肉，以贻父母尤甚。且忤逆凌辱，是为天理不容，王法所必诛者。父母通闻于祠，始徙祠法重责，再犯逐出。

2. **笃友恭**　友于兄弟，即以顺于父母，一堂融泄，岂不为天伦之乐事欤？若以小忿而藏怒，以争私而宿怨，或听内人之媒孽①，或受外人之唆弄，到骨肉而视同仇，则戕天性而伤天伦，是角弓之诗之所为刺也。同为父母之继体，乖戾于兄弟，即以乖戾于父母。此友恭之义，不可不笃。

3. **睦宗族**　比闾乡邻，异姓且宜和睦，况属一本，则盛世敦睦之风不容蔑也。至同服之人，更宜有无相通，休戚相关。故亲亲之谊，敦而同堂，有太和之象也。若以末隙生睚眦②，将同室而隐若敌国，萧墙而自动干戈，是风教凌夷，去顺效逆者之所行。吾族中宜识亲亲之道，莫踏末流之嚣凌[3]也。

4. **恤孤弱** 伶仃弱息极可哀怜，矧在同枝共本之人，能不加恤而为之所乎？故怙恃[4]已失、亲戚无依、啼饥号寒、疾痛痌痒，皆赖亲属有财者推恩加惠，苏涸辙之鲋而生之。古之人且有收育孤儿使成立者，此真盛德事也。有仁心者其加意于此焉，是亦积德昌后之一端也夫。

5. **崇学术** 诗书为式谷[5]之业，上达之梯。子弟聪明须择师教训，使得成其大器。即属中材未必尽掇科名，然加意培植得一衿之荣，亦不愧为大家子弟。甚而不才者，尤宜延师闲饬，涵养诗书，毋使即于以慆淫[6]，斯风俗纯而家世永昌。但为子弟者，当体父兄之教，努力发愤，不坠青云之志。是所望于后人矣。

6. **立品行** 循分处事，唯义所在，庶可无尤于人，释回[7]于己，而为一乡之善士。若徇私悖义，甚至逞机用诈，强夺侵占，凡若此者是天资刻薄之人也。其子孙之凌替[8]可以预决。吾族务宜敦率礼义，以忠厚传家，循分处事，则家事必昌。诒谋燕翼[9]，其以此为最欤！

7. **饬祭祀** 祖宗醮产，各房轮流办祭。每当春秋祭祀墓祭，则少长咸集，见丁表钱。祠祭唯绅耆得兴[10]，俨对越而邀神惠[11]。陈设原有定品，旧皆酌定规额，每岁因仍备办，值事者不得任意损益。祠祭从家礼裁定仪注，与祭者翌日肃整衣冠，大庙习仪，临祭对越荐献，遵仪注而行，不得视为虔文，式礼宜思莫愆，饮酒不得及乱。

8. **戒淫行** 男女之际，生人之人欲存焉，小人之大恶出焉。好淫之人不知羞耻，悯然为桑中之行，诸恶淫为首，显干重罪，幽犯宜诛。先贤有云："见色而起淫心，报在妻女。"报应固有不爽者。今设立祠规：族党中苟有乱及伦纪者，当集族人公处，谱上搽名逐出。

9. **禁凌尊** 五年以长兄事之，十年以长父事之，凡值长尊皆宜待以礼貌。凡席犯尊，豆觞犯齿[12]，是人而无礼者也。卑幼于尊长，不敢呼其名，行必让路，坐必让席，礼则然也。蔑礼恣睢者，谦让之德何有焉？况因薄物细故，相争求胜，敢加侵辱？敦礼之族，不应容此狂暴之子。受其殴辱者通闻于祠，各房老成杰士齐集公处，胁令服罪更加重罚。庶足为蔑礼者之警耳。

10. **禁欺弱** 寡助者势孤，气馁者力弱，退为自守，莫兴人竞，唯仁

者多方扶植，令得安居。不仁之人，乃以其为弱也而欺之，暴凌刻削致令无以安生。族中有心主持风气者，当挺然仗义执言，以警此不良之徒，而族党亦因知忠厚之为贵也。

11. **戒斗殴** 身家性命之患，莫甚于斗殴。鼓怒逞凶，至起烈祸，噬脐莫及[13]。盖尔时之不自惩其忿也，唯平心细揣，退让不争，事亦从此而休。然当相构[14]之日，族人不力为和解，亦不能辞其咎矣。兹立祠规，望族人怵然为戒，知能征忿[15]之为美德也。

12. **戒兴讼** 讼则终亡，易垂明戒，唯有不得已之事，必待公庭献决。但虽有不平，我肯让人则亦可休，又何必匍匐公庭以自取累？且当此岂无亲朋为之排解？倘能降心平气，则事息身安，又何至以爱惜之钱财耗费于无情之地乎？若事可以休而犹健讼，是自作不靖逞其疆梁[16]者也。兹立祠规，严戒兴讼。

13. **禁窝赌** 赌博私宰为朝廷大禁，一鸣诸官，法在必究，辱身荡产，往往有之。惜好赌者结习不解，竟视为人生之乐事，独不见彼不肖之子，袭先人丰业，后竟饥寒落魄者，何故？前车之覆，不可为后车之鉴乎？然好赌者既为不肖，窝赌者尤为罪魁，设局以诱子弟，是作陷阱而引之人也。彼得幸免于王法，族有祠规，宁容任其为蠹于地方乎？老成杰士所宜秉公议处也。

14. **择交游** 交友贵于慎择，不特儒者有燕僻之害，即农工商贾何独不然？朋友列于五伦关系，非小交得其人，则终身之受益不浅。倘所交不慎，其渐染而为不肖者固不待言，安知后此之不受其害哉？君子择交，所以必防征而谨始也。

15. **务农业** 务本力农，上而国课，下而养和，皆取给于此。夫农为国本，食为民天。不独食力者当勤力南亩，即儒者以读兼农，诚古今之通业，舍是皆为旁径。负耒横经[17]，昔贤不可师乎？凡我族姓务须勤力农田，则耕三余一[18]，虽有水旱亦足支也。

16. **肃家庙** 祠宇之建，原所以妥先灵，必庙貌清净，尊严乃不至于上渎。凡家常器物，非祠内所置者永不得搬置祠内。唯五礼之行筵宴设席，可偶一为之，不概禁耳。

17. **禁偷窃** 暗自拿人物品谓之偷，私取他人钱财谓之窃。偷窃者贼也，尝令人嗤之以鼻。究自成因，皆平日游手安逸以流于此耳。夫贫窭之人，倘能勤劳营生，何难度活？乃以偷窃为糊口之计，一旦败露受公庭固其自取，又使他人指为某氏之子孙，某氏之先人，是上辱其祖宗，下累其后裔也，可不哀哉？族中倘有此败类之子，老成者当法言警戒，至不自悛，必以祠法惩治逐出。

——摘自《济阳郡永定江氏宗谱》

【注释】

①媒孽：比喻借端诬罔构陷，酿成其罪。
②睚眦：瞋目怒视，瞪眼看人。借指微小的怨恨。
③嚣凌：嚣张气盛。
④怙恃：为父母的代称。
⑤式谷：赐以福禄。
⑥慆淫：慆，固执；淫，放纵。
⑦释回：去除邪僻。
⑧凌替：衰落，衰败。
⑨诒谋燕翼：为后嗣作好打算。
⑩绅耆：有声望的人。得：适合。兴：举办。
⑪俨：恭敬，庄重。对越：答谢颂扬。神惠：神灵的恩惠。
⑫豆觞犯齿：指传统白喜事中的宴客礼仪用膳，僭越年齿辈分。
⑬噬脐莫及：像咬自己肚脐似的，够不着。比喻后悔也来不及。
⑭相构：互相结怨。
⑮征忿：指克制自己的愤怒。
⑯疆梁：指强横凶暴。
⑰负耒：指从事农耕。横经：指读书。
⑱耕三余一：耕种三年，积余一年的粮食。

顾氏家教录

谨遵《圣谕十六条》编成俚语十五条，使幼稚子孙读而歌之，家教与国教同也。

1. **孝父母以重人伦**　约吾家须孝顺，孝顺双亲为人本；母怀胎十月孕，乳哺三年娘力尽；饥寒饱暖费心机，婚配教读皆父命；要能养又能敬，孝儿孝媳家必盛；勿谓长大便忘恩，忤逆从来天眼近；事继母与妾媵，尽心尽礼从父论；勿谓父母有好歹，父顽母嚣①偏孝顺；恩爱虽偏宜孝顺，爱遗体遵父训；立心立志亲心顺，孝顺不在饮食间，贫穷富贵由前定。

2. **敬长上以笃同气**　约吾家敬长上，伯叔兄弟都一样；同胞生如手足，手足一般知痛痒；莫因财产起怨争，莫听人言伤情感；兄如弟好商量，莫教背地将言谤；兄友弟恭两相怡，妻儿妯娌也相宽；同房兄同堂长，和顺谦恭相逊让；莫把势力论亲疏，莫把豪强凌家长；伯叔父坐堂上，侄如子相敬养；命令教课使尊依，莫把言语来犯上。

3. **慎亲终以正丧事**　约吾家慎送终，附身附椁要从容；情惨怛志昏蒙，一别亲颜不再逢；此时若不加谨慎，过后追思枉费功；凡丧祭视富穷，随分尽孝理所通；莫行鼓乐娱尸俗，莫请僧道惹怨恫；依家礼酌其中，事死如生孝不穷；假如粉饰虚超度，儿上盈盘俱属空；着力处在亲躬，衣棺椁礼要丰隆；卜地为亲思久远，砖石灰矿礼重重。

4. **追祖考以永孝思**　约吾家追祖考，远祖亡亲莫忘了；罔极深恩真难报，亡如存方是道；勿谓祖考别多年，春秋便不供祭扫；祀吾祖及吾考，大宗小宗香袅袅；竭诚竭敬永不忘，如闻如见须相告；清明节携幼少，远近坟茔都周到；一班一辈有传流，不教蝴蝶迷荒草；祖堂灯添油照，晨昏香灯休缺少；四时八节常来祭，勿谓祖父音容渺。

5. **正家法以敦风俗**　约吾家正其家，休教男女学虚花；分内外禁喧哗，家规严肃好人家；尊卑大小俱守礼，和敬相兼始不差；敦朴素戒骄奢，端庄不令语歪斜；揸粉点脂朱门态，桑麻原不比豪华；凡子弟务生涯，莫教恋酒与贪花；交结正人行正事，耕读营生计乃嘉；朝寺观拜尼僧，不如渴路施杯茶；女娘络绎朝僧院，引得旁人闹齿牙。

6. **睦宗族以敦骨肉** 约吾家睦宗族，宗族与我同根育；推恩爱亲九族，有何贵贱荣和辱；尊卑礼教如一视，莫比外人无统属；族有难须解救，火燃发须连耳目；同族之人若忿争，须念掌背皆是肉；理难逃情可恕，徇情灭理谁肯服；纵然情礼有高低，只把忠心论祸福；亦有贫亦有富，富隙有余贫不足；莫因贫富有炎凉，总是一家亲骨肉。

7. **敦朋友以全信义** 约吾家敦朋友，择友慎交交长久；互切磋相讲究，道德文章与诗酒；贫贱富贵莫易交，风雨鸡鸣当相守；同肝胆共肺腑，切勿狎慢恣戏侮；久敬不忘信义孚，变同生死尝甘苦；平等人亦交友，疾病患难皆保护；托妻寄子勿相欺，重义轻财为宗主；亲势利忘故旧，不忘同袍还嫉妒；此等朋友太无情，何用有茶并有酒。

8. **报国恩以安本分** 约吾家报皇恩，践土食毛②非偶然；饮凿井食耕田，含哺鼓腹乐尧天；寸土皆属皇王管，踊跃争先纳税钱；勤农桑方遂生，莫教惑乱倡诬言；拖欠钱粮累官长，不是淳良遵化氓；功名路廪饩③先，一官半职与九迁；踵顶发映④难补报，忠肝赤胆应无偏；须念念诵君恩，无分贵贱与愚顽；拜祝圣明绵景运，太平同享万千年。

9. **重儒师以资教育** 约吾家敬儒师，子弟根基业在兹；隆礼数厚文仪，殷勤送子学名师；从来师道如父道，一日终身不可违；师教训又提撕，敬听勿忘要寻师；学子谦恭频叩问，先生传授必孜孜；待师席莫轻微，尊崇体统好施为；常把上宾钦儒士，到头莫负读书儿；凡饮食与奉资，尽心尽敬要心齐；功名原是师成就，深恩世代莫忘诸。

10. **习勤劳以培耕读** 约吾家习勤劳，劳心劳力羡英豪；勤努力猛着篙，莫辞辛苦与焦劳；读书立志抱青紫⑤，耕要艰辛致富饶；尺百工要心操，男女休教半刻浮；生成富贵由天命，懒惰贫穷人所招；荒于嬉精于劳，莫把韶光暗里抛；映雪囊萤⑥曾夜夜，锄云种月几朝朝；叮咛话教儿曹，瞿瞿终岁效唐陶；蹉跎今日待明日，懒人终久出奢骄。

11. **崇节俭以惜物力** 约吾家崇节俭，随分随时休侈艳；有限钱无限渗，华靡骄奢何时厌？黄金用尽不再来，何不预先从节省？若豪奢装体面，勉强撑持排家宴；一食费却许多钱，无时思有谁方便？家常事裁贵贱，饱暖何用珍馐献？一日三餐不为过，通宵畅饮何足羡？食有限服无厌，何用绫罗并绸缎？古人细水常长流，只有亲丧休太俭。

12. **务本业以正心术** 约吾家务本业，眼前径路休争捷；做经纪抛正业，雀角钱财何足说？漫云白手挣人钱，昧己瞒天常扯拽；管闲事鼓唇舌，耽搁工夫徒哺啜⑦；得它一日醉饱归，误了自家生活业；学杂技虚岁月，会弹会唱供欢悦；囊里无钱难买笑，到底漂流难卓越；做衙门顶书缺，跟官伴虎心多怯；欺公敛怨骤富豪，损却一生名与节。

13. **息争讼以重身家** 约吾家宜息争，饶却他人省却钱；心如火意炎炎，烦恼无根日日生；忍耐些儿添些福，刚强忿戾性向偏；非切己莫憎嫌，漫把闲愁苦挂牵；且将心地先平了，不惹非灾到眼前；勉容忍唾自干，恶人终久通恶天；任它计较千般险，客船不系盗船边；甘让产学前贤，衙门有理也要钱；多少豪气争强弱，为着瘦山卖肥田。

14. **戒赌博以肃家教** 约吾家戒赌博，开场窝赌家声恶；偶得意贪恋着，无眠彻晓精神削；不顾身命不顾家，良家子弟都流落；斗纸牌钱贯索⑧，全家大小俱忘却；蒙眬睡去失提防，输了榆钱又遭摸；恣诈险仁义薄，掷骰呼卢凭雀角⑨；赌钱场中不择人，三五成群多戏谑；世俗人罔知觉，禁吾子弟毋失脚；虽说棋牌是故家，谁教昼夜无休乐？

15. **节嗜欲以养天和** 约吾家戒嗜欲，酒色场中当知足；酒味甘供口腹，微酣适兴方是福；引饮太过入醉乡，烁了肠胃伤骨肉；色貌美堪坦腹，育子延孙非戏局；恣情贪恋入迷城，损胎损寿难解赎；堪笑处风流俗，野花闲酒勿交促；酗酒生事败身家，因嫖丧命贻亲辱；宜遵节勿纵欲，莫将乐事成危梏；正经男女且异床，沉湎贪花遭鸩毒。

——**摘自《永定顾氏族谱》**

【注释】

①父顽母嚚：父亲心术不正，继母两面三刀。舜生活在父顽、母嚚、象傲的家庭环境里，而舜对父母不失子道，十分孝顺，与弟弟十分友善，多年如一日，没有丝毫懈怠。舜在身世如此不幸、环境如此恶劣的情况下，表现出的非凡品德受到了众人的称颂。

②践土食毛：蒙受君恩。

③廪饩：指科举时代由公家发给在学生员的膳食津贴。

④踵顶："摩顶放踵"之省，谓从足跟到头顶都磨伤了，形容不畏劳苦，不顾身体。

⑤青紫：本为古时公卿绶带之色，借指高官显爵。亦指显贵之服。

⑥映雪囊萤：历史典故，形容夜以继日，苦学不倦。

⑦哺啜：饮食，吃喝。

⑧钱贯：指成串的钱。索：尽。

⑨呼卢：古代一种赌博游戏。雀角：争吵。

钱氏家训

心术不可得罪于天地，言行皆当无愧于圣贤。曾子之三省勿忘，程子之四箴宜佩[①]。持躬不可不谨严，临财不可不廉介。处事不可不决断，存心不可不宽厚。尽前行者地步窄，向后看者眼界宽。花繁柳密处拨得开，方见手段；风狂雨骤时立得定，才是脚跟。能改过则天地不怒，能安分则鬼神无权[②]。读经传则根柢深，看史鉴则议论伟；能文章则称述多，蓄道德则福报厚。

欲造优美之家庭，须立良好之规则。内外六间[③]整洁，尊卑次序谨严。父母伯叔孝敬欢愉，妯娌弟兄和睦友爱。祖宗虽远，祭祀宜诚；子孙虽愚，诗书须读。娶媳求淑女，勿计妆奁[④]；嫁女择佳婿，勿慕富贵。家富提携宗族。置义塾与公田。岁饥赈济亲朋，筹仁浆与义粟[⑤]。勤俭为本，自必丰亨[⑥]；忠厚传家，乃能长久。

信交朋友，惠普乡邻。恤寡矜孤，敬老怀幼。救灾周急，排难解纷。修桥路以利从行，造河船以济众渡。兴启蒙之义塾，设积谷之社仓。私见尽要铲除，公益概行提倡。不见利而起谋，不见才而生嫉。小人固当远，断不可显为仇敌；君子固当亲，亦不可曲为附和。

执法如山，守身如玉，爱民如子，去蠹如仇。严以驭役，宽以恤民。

官肯着意一分，民受十分之惠；上能吃苦一点，民沾万点之恩。利在一身勿谋也，利在天下者必谋之；利在一时固谋也，利在万世者更谋之。大智兴邦，不过集众思；大愚误国，只为好自用。聪明睿智，守之以愚；功被天下，守之以让；勇力振世，守之以怯；富有四海，守之以谦。庙堂之上，以养正气为先。海宇之内，以养元气⑦为本。务本节用则国富，进贤使能则国强；兴学育才则国盛，交邻有道则国安。

——摘自《钱氏家训》

【注释】

①程子：对宋代理学家程颐的尊称。四箴：程颐撰文阐发孔子四句箴言以自警，分“视、听、言、动”四则。佩：珍藏，随时记着。

②无权：没有办法，无可奈何。

③闾：本意是里巷的门，后指人聚居处，这里指街道房屋。

④妆奁：古代妇女梳妆用的镜匣，代指嫁妆。

⑤仁浆与义粟：施舍给人的钱米。

⑥亨［pēng］：通“烹”，本意煮（饭、菜、茶），这里指饭菜，指代衣食家用。

⑦元气：指国家或社会团体得以生存发展的物质力量和精神力量。

汤黉家训二十条

1. **敬天地**　大德无疆，厥惟天地；雨润日暄，风行雷厉；养育群生，万古勿替；戏豫驰驱，只自取戾；敬之敬之，是在诚意。

2. **礼神明**　威灵显赫，厥惟神明；尔室相在，勿见勿闻；夙兴夜寐，洁供粢盛；以妥以侑①，惟寅惟清②；质旁临上，勿爽权衡。

3. **尊君上**　惟君之德，溥及万方；中和位育，时若雨旸；恩深覆帱③，共乐徜徉；凫羔奉酒，祝寿跻堂；愿言献曝，拜手赓扬④。

4. **孝父母**　父生母鞠，罔极深恩；承欢祗事⑤，木本水源；温凊冬夏，定省晨昏；捧盈执玉，颂祷椿萱[6]；丧哀祭敬，重裕后昆。

5. **和夫妇** 夫义妇顺，如鼓瑟琴；正内正外，福禄来临；宜尔家室，和乐且湛；绸缪义切[7]，伉俪情深；流芳苹藻[8]，秩秩德音。

6. **睦兄弟** 兄友弟恭，理宜亲睦；傥不相容，尺布斗粟[9]；昔日姜肱，大被同宿；吹埙吹篪，如手如足；式好同心，无伤骨肉。

7. **敦师谊** 惟师教授，体分尊崇；礼取博喻，易重发蒙；游扬立雪[10]，情谊何隆；问难请业，就养服动；心丧三祀[11]，君文攸同。

8. **笃交情** 惟友切劘[12]，是为心腹；籍订金兰，迁乔出谷[13]；善劝过规，作为式谷[14]；慎勿猜虞，云翻雨覆；事贤友仁，熏陶涵育。

9. **课诗书** 增光门第，诵诗读书；辛勤搜讨，讹辨鲁鱼[15]；一生职业，万事权舆[16]；库储元凯[17]，帷下仲舒；知人论世，莫负居诸[18]。

10. **劝稼穑** 民生在勤，各司厥职；无逸名篇，首重稼穑；惟黍与与，惟稷翼翼；是蓘是蔗[19]，出作入息；春秋禴尝[20]，以为酒食。

11. **守俭约** 处身立身，贵崇俭约；毋涉奢华，毋为耽乐；日用周旋，自甘淡泊；敬直义方，容止俨若；净涤靡风，光明磊落。

12. **尚谦让** 希圣希贤，自立名望；洁己惟廉，与人惟让；屏绝贪私，彬彬雅量；勿趋末流，随波逐浪；君子存心，克成直谅。

13. **务诚信** 束身儒林，务存诚信；无伪无欺，恐惧戒慎；立身有常，修己以敬；金诺鼎言，芳名远震；特达圭璋，德音玉润。

14. **崇正直** 立品端方，好是正直；邪曲胥蠲[21]，古训是式；洪涊依阿[22]，是为失德；视听貌言，无容差慝；树厥表坊，为子孙则。

15. **联宗族** 同姓亲疏，莫非宗族；血脉相连，昆弟伯叔；玉笋班班[23]，花团锦簇；傧尔豆笾[24]，山肴野蔌；情志相孚，何来怨讟[25]。

16. **和乡邻** 相友相助，是为乡邻；随时周急，敬老恤贫；岁时伏腊，饮蜡稣豳[26]；吊贺庆祝，足见性真；风醶俗厚，和蔼如春。

17. **屏私嫌** 天真坦白，勿挟私嫌；伤人暗箭，痛下针砭；心无忌刻，身自端严；天人可质，大言炎炎；潜移默化，气静神恬。

18. **急公义** 浩气流行，惟奉公义；踊跃赴功，毋图名利；硕彦襟怀，高人节谊；稍有逡巡，难逃清议；卓彼先贤，克干大事。

19. **凛国法** 弼教明刑，是为国法；矩步规行，毋容亵狎；遇事辛

勤，先庚后甲；凛之凛之，旁皇周洽；君子常怀，敬德修业。

20. **守家规** 祖宗遗训，世守家规；耳提面命，聪听勿违；整齐严肃，切戒嘻嘻；勤俭为本，耕读为基；一门孝顺，合室咸宜。

——摘自《汤氏祖训》

【注释】

①以妥以侑：请他们前来享用祭品。妥，安稳；侑，手捧肉食的侍者。

②寅清：指言行敬谨，持心清正。

③覆帱：指好像覆被。

④赓扬：飞扬轻举连续而歌。

⑤承欢：求得欢心。祗事：恭敬侍奉。

⑥颂祷：赞美祝福。椿萱：父母的代称。椿，指父亲；萱，指母亲。

⑦绸缪：情意殷切。义切：义理清楚明白。

⑧苹藻：苹与藻，水草名，古人常采作祭祀之用。借指妇女的美德。

⑨尺布斗粟：一尺布，一斗谷子。形容数量很少，比喻兄弟间因利害冲突而不和。

⑩游扬立雪：指学生恭敬受教，现比喻尊敬师长。比喻求学心切和对有学问长者的尊敬。出自成语典故“程门立雪”。

⑪心丧：古时谓老师去世，弟子守丧，身无丧服而心存哀悼。三祀：三年。

⑫切劘［mó］：切磋相正。

⑬迁乔出谷：从幽深的溪谷出来，迁上了高大的乔木。比喻地位上升。

⑭作为式谷：所作所为都高尚。

⑮讹辨鲁鱼：分辨“鲁”“鱼”两字的错误。

⑯权舆：起始。

⑰元凯：泛指贤臣、才士。

⑱居诸：借指日月、光阴。

⑲蓘藨［gǔn biāo］：耕耘和培育。

⑳禴尝：祭名，指祭祀。禴，同“礿”，指春祭；尝，指秋祭。

㉑邪曲胥蠲：邪曲，品行不正的人。胥，全；蠲[juān]，除去。

㉒淟涊依阿：逢迎污浊。淟涊[tiǎn niǎn]，污浊。

㉓玉笋班班：英才济济。

㉔傧尔豆笾：摆上满桌的佳肴。傧，陈列；豆笾，祭器，木制的叫豆，竹制的叫笾。

㉕怨讟[yuàn dú]：怨恨诽谤。

㉖饮蜡：岁末蜡祭后会饮；龢豳[hé bīn]，古代祈祷风调雨顺、农业丰收的一种仪式。

黎氏族训

我黎氏人家，以诗礼继世，以忠厚传家，屡历离乱，子孙相与保全而不致荒坠，皆赖祖宗阴德之赐也。今恐吾宗散乱，或为习俗所移，不守先训，则是上贻辱于前人，下有愧于厥后。故吾姓子孙者，告之以孝悌忠信之行，申之以礼义廉耻之教。务要为子孝，为臣忠；父义母慈，兄友弟恭；姻族以睦，朋友以信；里邻相助，急难相恤；德业相劝，过失相规。毋作伪，毋造言，毋纵盗，毋学赌博，毋好争讼，毋尚斗狠，毋以少谩长，毋以尊凌卑，毋非议官府，毋欺遏乡邻，毋以贫嫉富，毋以富吞贫。贫固宜守，毋滥为非；富亦宜仁，毋恃财作恶。毋结怨于人，毋废弛耕学以荒本业，毋居丧宴乐，毋服内嫁娶。祠堂祭拜不得不至，宗族图谱不得不修，吉凶庆吊不得不趋。祖先坟茔毋得侵葬，祖坟树木不得斩伐，祭田不得盗卖。清明挂纸，春秋祭祀，务要依期。吾族子姓，务当遵守。

——摘自《客家联盟》

赖氏齐家睦族箴言

1. **孝父母** 父母吾身之本，少而鞠育，长而教训，其恩如天地。不孝父母，是得罪天地。凡我族人切不可失养失敬，以乖天伦。

2. **和兄弟** 兄弟吾身之依，生则同胞，住则同巢，如手如足。不和兄弟，是伤残手足。伤残手足，难为人矣！凡我族人不可争财争产，以伤骨肉。

3. **睦家族** 宗族吾身之亲，千支同本，万脉同源，始身一祖。不睦宗亲，是不敬祖宗。不敬祖宗，则近于禽兽。凡我族人切不可相残相欺，以伤元气。

4. **重祭祀** 祭祀礼重报本，昭穆常明，所以动先祖之格，尊公祖德。凡我族人对先祖应诚心祭拜，对祖祠、坟墓不可废之，应加强保护以免他人侵占，否则对祖不孝。

5. **守法纪** 家有家规，国有国法。凡我族人应自觉遵守国家政策法令，违者有失祖宗面光。

6. **重生产** 民以食为天，工农生产收入必资，上可供养父母，下可养妻儿女，故是人生之本。凡我族人应勤力耕种，努力工作，切不可偷安懒惰，以致终身饥寒。

7. **重敬贤** 社会发展、国强民富、科学进步全靠人才。人才之贤，人人敬之。凡我族人应以贤者为师，学其所传，礼其所教，务必尊长敬贤，以示文明。

8. **慎婚配** 婚姻乃人伦之始。结婚合配要审其人品性格，观其清浊明白。婚姻不择淑女，实害自己终身，且害家声。

9. **禁吸毒** 吸毒危害极大，轻则费时失事，重则亡身倾家。全球严禁吸毒贩毒。凡我族人切不可犯，否则害己害人。

10. **禁非为** 邪淫者，乃十恶之首；赌博者，倾家之源。凡我族人务必以身作则，告诫子弟切不可放邪参赌。

——摘自《永定赖氏族谱》

龚氏家规八条

孝

孝当竭力，各亲其亲；温凊定省[①]，奉之如神。

尊养弗辱，本于守身；克全顺德，方可为人。

悌

弟念天显，克恭厥兄[②]；友于纯笃，隅坐随行。

埙篪迭奏，屏叶莺声；序天伦乐，无忝所生。

忠

忠言逆耳，利行为先；事必尽己，念贵静专。

为谋必谨，自无尤愆；于人不怍，何愧于天？

信

信以交友，于心始安；指天誓日，沥胆披肝。

不忘久约，立品斯端；真实无妄，自有余欢。

礼

礼别尊卑，事期合宜；毋或不敬，俨必若思[③]。

玉帛交错，谦恭自持；天地同节，自远嫌疑。

义

义以方外[④]，易训堪钦；为质与比，天然规箴。

君子能喻，正路森森；凛然难犯，斯成大禁。

廉

廉介自守，切勿妄行；可取则取，躬自清明。

利远于己，与世无争；顽夫堪法，立心始平。

耻

耻不若人，奋发自新；羞恶念切，挞市推循。

不愧衾影[⑤]，无自辱身；戒无自欺，近于求仁。

合谱程规，每岁春秋二祭，凡属掌管族谱者齐送祖祠，以便考察。倘

有子孙鬻谱图利，一经查出谱内除名，不许入祠，共同首送。谨之，凛之！

——摘自《龚氏家训》

【注释】

①温凊定省：冬天使被子温暖，夏日让室内清凉，晚间给父母安睡，早晨起来问候安好。形容对父母尽心侍奉。

②克恭厥兄：能够恭敬而顺从兄长。

③俨必若思：神态要严肃庄严如同沉思一般。

④义以方外：以义德规范外在的行为。

⑤不愧衾影：是指行为光明，问心无愧。

严氏族规五则

一则教其父慈子孝，兄友弟恭之伦；二则以序左昭右穆，急难相扶之义；三则以讲其处世克勤克俭之道；四则诫其各安生理，毋作非为之行；五则以凡有事务慎，勿轻投异姓，不致唆拨构讼，玷辱家谱。

慎之！思之！戒之！勉之！则嗣孙贤而支派盛。枝叶繁茂，其传愈芳。吾乃言之谆谆，唯冀世世相承，则万代兴隆，山河不朽，日月并光，即略所谓。

——摘自《永定严氏族谱》

温氏诰言家训

诰尔子孙，诫尔子孙；原尔所生，出我一本。虽有外亲，不如族人；荣辱相关，利害相及。宗谊为重，财器为轻；危急相济，善恶相正。为父者当慈，为子者当孝；为兄者宜爱其弟，为弟者宜敬其兄。士农工商，各勤其业；冠婚丧祭，必循乎礼。乐士敬贤，隆师教子；守分奉公，及人推己。闺门有法，亲朋有义。立行必诚而无为，御下必恩而有礼。务勤俭而兴家庭，务谦厚而处乡里。毋事贪淫，毋习赌博；毋争讼以害俗，毋酗酒以丧德；毋以富欺贫，毋以贵骄贱；毋恃强凌弱，毋以下犯上；毋以大压小。毋因小忿而失大义，毋听妇言以伤和气；毋以亏心之事而损阴德，毋以不洁之行而辱先人；毋以小善而不为，毋以小不善而为之；毋谓无知。冥冥见晓，寂寂闻声。依我训者，是其孝也，我其佑之；违我训者，是不肖也，我其覆之。子子孙孙，咸听斯训！

——摘自《永定峰市信美（水湄）河城太原温氏十郎公族谱》

温氏先祖家训

1. **输国赋**　钱粮差饷，开国家之重。需遵限早完，正子民之顺畏。本族子孙，每年钱粮，务宜依期早输，庶上免官司之催，下尽子民之职。如有违误，不遵家训，本祠定以家法责罚。

2. **敬祭祀**　春祀秋尝，固追远报本之意也。凡族子姓，每遇清明，预期至祠，敬备牲醴时食，荐于祖祢①之前，以尽其职。又宜诚敬省视坟墓。此礼节之表见也。

3. **崇斯文**　家有神衿②，为族所望。则所以待斯文者，宜示其优崇，使子姓耳闻目见，足兴起其读书做人之心。为神衿者，犹须出力护卫家庭。上答祖宗笃生之心，下副族众仰望之意。不可骄蹇③恣肆，侮慢老成，侵吞众业，湮没烝尝。如此者，实为族之罪人也。勉之！戒之！

4. **慎婚丧**　男室女家，人之大伦也。生养死葬，人子当尽之义务也。凡吾族子姓，娶妻嫁女，各择其清白之家，门楣相当者方可。婚配不得贪图财利，或嫁于仆，或为侧室。坏我家声，贻讥夷虏④。此则家法不能容。日后查出，必当重罚。同姓为婚，犹为例禁。不幸父母有丧，总以哀恸为主。凡殓而附于身，殡而附于棺，必诚必敬，勿使有误。葬之以礼，

吊客戾止，不过布帛宴款，斟酌而行。富勿过薄，贫莫太奢。一切装饰浮华之物，更为无益，而有坏于先王立法之本意，众宜知之。

5. **正伦纪** 卫之子父聚麀⑤，贻讥千载；晋之叔侄乱伦，遗臭万年。可见，伦纪不容不肃也。吾族倘有灭纪凌伦者，通闻族众，齐集祠下，察访情真理实，照依家法处治。轻则绳以重罚，重则革出去派。众宜谨之戒之，毋使至于悔之不及也。

6. **正名分** 聚族而居，名分不得不正。名分不正，则狎侮易生，嫌疑易起。予族子姓，欲正名分，必须长幼有序，尊卑有别；有次第，有条理，守一定之规律，无一毫之混杂。一族之中，名分既正，则尊卑长幼秩然有序，各尽其职。毋凌犯欺忤，方称礼仪之家。今日能敬礼尊长，他时自有受人敬礼之日。果是人人如是，则名分必正、恩义必笃矣。

7. **修祠墓** 祠墓维新，祖灵自安。稍有倾颓，便宜速修。若或延迟，则工难而费倍矣。我族子孙，宜知先人创业之艰，祖灵有毁蔑之难。富庶者，量力输将；贫穷者，亦宜赞助。祖灵有妥，后裔自昌矣。

8. **勤拜扫** 祖灵栖于庙中，故祭祀以时，致情礼于一日；体魄藏于丘墟，拜扫不废，保松楸⑥于百年。期届清明，必须足迹周遍。毋以路远至半途而返，毋以坟多周一二而毕。或有其子孙他徙，及绝房之地坟，尤当推源一本，加意相视。庶不至失迷他姓侵占之患。

9. **禁奢侈** 奢侈乃败家之端，酒色实戕性之斧。伊训先生诫子弟曰：凡百玩好，皆足以伤心而逸志。嗣君有幼稚子弟，初离褓褓，只宜服以布素，切勿以罗绮杂佩，容饰目前，长其他日骄奢之心。年甫髫龄⑦，即训经诗书，教以礼让，朝夕相习。不可使其放荡无归，任意贪恋酒色，以致伤身破家。敬父兄之教，不先斯子弟之率不谨也。眼见奢侈之家，未几家业荡尽，求衣食而不足，可不切前车既覆之戒哉？

10. **禁赌博** 古云：赌博者，倾家之源。而好赌必至财尽孤注，倾家败产而后止。诚恐无业可安，流为宵小⑧。故防盗窃必以禁赌为先。凡族中子弟，务宜各营生理，守己安分。毋得怠惰闲游，纵情赌博，致耗费财产，以陷身家。延误子孙，害莫甚焉。

11. **息争讼** 争无大小，忍者为高。若有非礼之来，无损于身家，无玷于名行，何妨坦然处之。勿因小忿而逞强以争。勿因毫末而持勇以斗。

勿因匿怨而唆词挑讼。或暗刀伤人，口蜜腹剑，以为习惯。此神人之所共怒，天地之所不容也。我族子姓，各宜省事息非，正身处世，而和平之福萃于一门矣。

12. **捐小忿**　一族之众，难保无有衅端。人之处世接物，必有度量方足以有涵容。彼度量浅狭者，不能容人，且知胜而不知败，不责己而责人，往往以小忿乱大谋矣。若唯私是徇，唯利是求，一物不容，一语难受，即至亲等于仇敌，以致父子相贼，兄弟相残，为乡邻所哂，旁观者所鄙，奚足道哉？

13. **劝善恶**　孔子赞易之坤曰：积善之家，必有余庆；积不善之家，必有余殃。三复斯言，而知善恶之报，如影随形。余族自始祖而下，世承忠厚，莫不修德行仁，聿怀多福。兹幸孙支绵衍，无非吾祖积善中之余庆所流也。曾见不善之家，赫赫炎炎，炙手可热，自谓人不如己。曾几何时，而冰消瓦解。天理昭彰，固已验而应矣。苏文忠公云：称人之善，必本其父兄师友厚之至也。先正又云：闻人过失，如闻父母之名，耳可得闻，口不得而言也。自后子弟辈，见人有善则扬之，恶则隐之。皆所以存厚道而延福泽于己耳。

14. **保生命**　生活为万事之根本。人不能保全生活，则不能仰事父母，俯畜妻子。上不能承祖宗之贻谋，下不能传先人之血胤⑨。余族子姓，当知生命之重，不可不保全也。语云：死生有命，富贵在天。信斯言也，又焉得谓可保全矣？不然，人之死生，既有命，而保全之道，亦不可谓无也。就日用寻常之事言之，即饮食之间，往往有贪口腹，而过饱不加节制，有害于身体。成人之后色情渐开，往往有年少无知任意贪恋，以致身体薄弱，或养成痼疾，或短缩寿命，亦间有之。综而言之，适可则有福，太过则有害。此之谓也，勉之！戒之！

——摘自上杭《温氏族谱》

【注释】

①祖祢：泛指祖先。

②神衿：指神情气度不凡的子孙。

③骄蹇：傲慢。

④贻讥：招致讥责。夷虏：指异族。

⑤聚麀［jù yōu］：本指兽类父子共一牝的行为。麀，牝鹿。

⑥松楸：松树与楸树，墓地多植，因以代称坟墓。

⑦髫龄［tiáo líng］：指幼年。

⑧宵小：指昼伏夜出的盗贼。

⑨血胤：指同一血统的子孙后代。

河间俞氏族训十则

1. **团结宗亲**　枝繁叶茂同根生，百子千孙勿忘本。
2. **辈分分明**　哥就哥，叔就叔，叔婆伯母分清楚。
3. **孝敬父母**　还生喂他一口汤，当过死后祭猪羊。
4. **友爱弟兄**　兄弟姊妹一团和，同心协力搭金窝。
5. **妯娌和睦**　共船过渡前世修，今生共处有缘由。
6. **邻居相帮**　亲帮亲，邻帮邻，近邻也当自家人。
7. **承前启后**　长江后浪推前浪，希望后人更辉煌。
8. **发愤图强**　父母支持终有限，自己努力福无边。
9. **饮水思源**　根有根，水有源，年朝午节祭祖先。
10. **善待族谱**　族谱家史不可丢，妥为保管卅年修。

——摘自《永定河间俞氏族谱》

章氏家训

（宋・章仔钧）

传家两字，曰耕与读；兴家两字，曰俭与勤；安家两字，曰让与忍；防家两字，曰盗与奸；败家两字，曰嫖与赌；亡家两字，曰暴与凶。休存猜忌之心，休听离间之言，休作生愤之事，休专公共之利。吃紧在尽本求实，切要在潜消未形[①]。子孙不患少，而患不才；产业不患贫，而患喜张门户；筋力不患衰，而患无志；交游不患寡，而患从邪。不肖子孙，眼底无几句诗书，胸无一段道理；神昏如醉，体解如瘫；意纵如狂，行卑如丐；败祖宗之成业，辱父母之家声；乡党为之羞，妻妾为之泣。岂可入吾祠而祀吾茔乎？岂可立于世而名人类乎哉？戒石具在，朝夕诵思。切记，切戒！

——摘自《章氏家训》

【注释】

①潜消未形：谓祸患尚未显出迹象之时，就暗中消除。

葛氏祖训

事父母 子事父母，孝由天性，不待训而然也。训而孝其孝仅矣。且岁月如流，西山易薄，人子岂不竭力承顺？稍慰暮年不致临时仓促，抱憾终天。

友兄弟 惟孝友于兄弟。兄弟不睦，父母不安，故不友即不孝。今人，与他人能容，兄弟不能，何哉？兄弟如手足之情，一气不脉则四肢不仁[①]，可谓善喻。

睦宗族 凡宗族皆原一本一身，族人析居后，一日远一日，疏若途人，甚至富贵相形鄙弃不屑。敬族收族而睦之[②]，则干糇[③]无失德，葛藟庇根[④]矣。

和夫妇 阴阳和而泽降，夫妇和而家道成。贤夫妇应相敬如宾，互敬互重，且莫轻听流言蜚唆，或一方不检乃至脱辐[⑤]反目，岂得以小加大，有伤结发之情。

敬朋友 《论语》云：“晏平仲善于人交，久而敬之。”今夫平居闾巷，互敬互重，相睦相仰。益友者，如入芝兰之室，不忘其芬；损友者，

如入鲍鱼之肆，不忘其臭。皆择而敬之。

教子孙 古人云："子有美玉岂不付之雕琢？"教子孙，莫大于爱国亲民，诚实忠信，尊长重道，陶成德性。予家凡擢科登仕者，悉祖宗教育所至，葛氏书香一脉，由后世之继也。

习勤俭 予家自迁通以来，传数十世数百年，凡粗粝⑥不充或家资丰腆，未几消乏之，皆败于一不勤一不俭。宁教有日思无日，莫教无时思有时，当味乎其言。

存长厚 人禀中和之气而生，赋性本自善良。自末俗浇漓⑦，相沿成习⑧。长厚⑨之风，群英自祖以来忠厚相传，恪守家风，凡诸善事举而行之，相葛氏之与乎。

——摘自"葛氏宗亲网"

【注释】

①不仁：麻木不灵便。

②收族：同族人按照辈分和睦相处。

③干糇：泛指普通的食品。

④葛藟庇根："护本保根"的典故，文中借指宗族绵延不断。葛藟[gě lěi]，植物名，长势连绵。

⑤脱辐：原指车上的辐条脱落。喻夫妻反目失和甚至离异。

⑥粗粝：粗劣的食物。

⑦末俗：末世的习俗。浇漓：浮薄不厚。指社会风气浮薄。

⑧相沿成习：依照相传下来的一套慢慢地成了习惯。

⑨长厚：恭谨宽厚。

伍氏祖训十条

祖先有训，诲汝谆谆；俯伏堂下，皆宜恭听：

一要思源报本，敬祖尊宗。

二要敦亲睦族，兄友弟恭。

三要奉上至孝，待下慈仁。

四要崇耕敬读，勤俭为荣。

五要戒嫖禁赌，开创文明。

六要循规蹈矩，依法履行。

七要男女有别，忽败人伦。

八要鉴盗杜窃，修身立本。

九要谦虚谨慎，息事宁人。

十要经文尚武，永振家声。

以上十训，刻骨铭心；千秋万代，遵照慎行。

——摘自“中华伍氏网”

聂氏家训

1. **崇孝道** 千经万典孝为先。求木之长者，必固其根本。自古以来，孝始于事亲，忠始于报国。移孝以作为忠，事亲以全孝。此为大孝。孝为立身本，若不孝于亲，必不能忠于国。生当人杰，死作鬼雄，精忠报国，万世流芳。身体发肤受之父母，兄弟姊妹手足骨肉。羊知跪乳之恩，鸦有反哺之义。天下无不是的父母，世上难得者是兄弟。入则孝，出则悌。人不知礼义，马牛而襟裾[①]。父母教要恭听，父母责应顺承，父母罚莫怨恨。忠孝始传家，谦恭以待人。眷眷寸草心，难报三春晖。岂无远道思亲泪，不及高堂念子心。待父母应虔诚，弟兄姐妹要亲近。孝当竭力非徒养身，爱日以承欢，莫效丁兰刻木祀[②]。椎牛而祭墓[③]，不如鸡豚逮亲存；祭之羊，不如养之厚；悔之晚，何若谨于前。早把甘脂勤奉养，夕阳光景不多时。乐与高堂享天伦，及早承欢向膝前？贤贤易色[④]，事父母能竭其力，事君能致其身，与朋友交言而有信。兄弟叔侄须分多润寡，长幼内外宜法肃辞严。以爱子之心爱父母，孝行自至自焉。无论富贵贫穷，奉养为先。富者能够供甘旨；贫者能菽水承欢，各凭其力。务能承亲志，和颜婉

语；不可貌奉心违，以贻父母之忧。有一分力应尽一分力，不能稍有吝惜。有兄弟分家，必须为父母考虑应尽之责，莫为推诿，计较分毫大之不孝。晨昏定省，久出必告，返必面见礼。父母谢世，若有远行，亦必拜墓。子之为孝，不如带媳妇以孝。媳妇居家之时颇多，洁奉饭食起居自较周到，故所谓妇孝胜于子孝。父母过失，应轻言柔声委婉进谏，若有不从，则俟亲心愉悦时再说，绝不陷父母于不义。不违亲意，言行大道，则是尽孝。

2. **修德性** 德为本，有德此有人⑤。人生万花筒，生命最为珍。人生三宝精气神，养身之道肖静宁。人生境界孰为高，理想信念第一条；人生价值孰为大，利国利民利天下。理想是莹石，能敲出智慧之火焰；理想是火焰，可点燃熄灭的灯塔；理想是灯塔，能照亮夜航之路标；理想是路标，可引向成功的彼岸。修身当求真善美，为人莫做假大空。任尔东南西北风，咬定青山不放松。路不行不到，事不做不成，灯不拨不亮，理不辩不明，人不劝不善，钟不敲不鸣。事在人为，地在人耕。路是人走出，船是人造成。立天之道阴与阳，立地之道柔与刚，立人之道仁与义，立事之道知与行。没有婚姻就没有母亲，没有母亲就没有生命。天地与人合一，万物与人共生。人生一世，草木一春，来如风雨，去似微尘。天意怜幽草，人间恋晚晴。真理与谬误，相差只一步。腐朽化神奇，只需一功夫。爱而知其恶，憎而扬其善，懂得真善美，方知假丑恶。古今多少事，都付笑谈中。月有阴晴圆缺，人有悲欢离合。事物一分为二，亦可合二而一。父母恩比泰山重，党的恩情比海深。人生似鸟同林宿，风雨来时相依偎。浪子回头金不换，悬崖勒马重做人。谋事在人，成事在天。贫贱不妒富贵，富贵不忘贱贫。得志必不骄，失意则不怨。容人需学海，十分纳百川。人不可貌相，海水不可斗量。隐逸林中无荣辱，道义路上泯炎凉。人心知足人常乐，贪得无厌祸便生。万里长城今犹在，一代秦皇建功勋。

3. **齐家政** 治化之道，必先齐家。然政行于天下易，而孝施行一家难。家为骨肉之间恩胜情深，则家法难申，自非身先德化不为功。治家之法难治民，良非虚语。故善治家者，以正己为则。己正，则子女相率以从；己不正，虽有治家严法亦无以为功。治家，以正人伦为本；正人伦，得以尊祖、睦族、孝父母、友兄弟为先，以敦亲党、和乡里为要。近正人如近父兄，远恶人如远虎狼。以勤俭立业，慈让为怀，约自己而济，有礼而好德。如此者，可兴家，可安身而立命。治家之要，男性每多刚，或临事愤怒得解劝一声，可以省不少意外之事；或激怒一语每种无限祸根。每日开门七件事，柴米油盐酱醋茶。一年之计在于春，一日之计在于晨。一家之计在于和，一生之计在于勤。勤是摇钱树，俭是聚宝盆。小富凭勤劳，大富靠智慧。莫要苦熬，宁要苦干。家里莫怕穷，就是怕懒虫。坐吃山空，家道不兴。持家以俭为本，理财以计为先。家有万担，不丢剩饭。岁有余粮，省在仓廪。礼之用，和为贵。父子和而家不败，夫妇和而家道兴。家庭和睦，疏食尽有余欢。骨肉乖违，珍馐亦减滋味。家中不和邻里欺，睦邻不和说是非。养子不教如养驴，养女不教如养猪。男以女为室，女以男为家。男大当婚，女大当嫁。三拜结发，休戚与共。海枯石烂，不悔前盟。光阴似箭，日月如梭。有志不在年高，无志空长百岁。海阔凭鱼跃，天高任鸟飞。莫道行无路，行行出状元。天生我材必有用，千金散尽还复来。百业兴家，民富国强。

4. **睦家族**　族人虽有远近亲疏，然其本源则一，即理祖宗，则是一人之子孙。应宗族于我，能以祖宗之心为心，自知族人之当睦。睦族之要有五：一曰敬老。对尊辈则恭顺有礼；对年纪已高，不计年辈低微和资历平凡，亦须尽保护之礼；凡族中鳏寡孤独无依无靠者，当念同族的一本之义，联通合族之力量情以周济。二曰亲贤。凡德行学识可为族人之模范者，无论辈分高低，亦须待以敬贤之礼。三曰矜幼弱。凡失去父母的孤儿，要随给以助力，资其生活。四曰周济急难。主要是衣食无着者，则谋给以出路量己之力，为之接济尽己之心。五曰解纷争。凡有纷争者，则多以劝解。钱财身外物，何恨聚无多。嚼得菜根香，回归自然乐。前人有古记，实在是深意。睦族须以伦理为先，伦理必以正言为首。一族之中，祖孙、叔侄、兄弟之间，各有定名不可紊乱。绝不可因尊长寒微避加尊称，遂致径呼尔我，以失人伦之序。必知敦本睦族，切不可重富轻贫，少存异视之心。族之兴盛，在乎族人之贤德。子孙之贤德，族自兴乃有不易之理。叙族谱明本源，辨支派维族系，立家训正人伦。睦族之道，莫大于此。尽心尽情通人性，尽力尽才会人伦。和睦兴家，利国利民。

5. **重教育**　人不学，不知义；子不教，父之过；教不严，师之惰。

清早不起误一日，少年不教误一生。贵以贱为本，上以下为基。莫忧家财散尽，只愁后继无人。天下无不慈之父母，然庭训不立，则溺爱亦不明。故父母对子女，须知重视教育，适龄而授以学业。对顽劣者，应严于管教，勿姑息以养是非。为父母须以身作则，务使子女自幼行为规范。不求金玉珍而贵，但愿儿孙孝本贤。望子成龙不成虫。教子所在，师之所存。为人师表，当尊师道，求学之道，尊师为要。师者正礼，礼者正身。以身教者从，以言教者讼。学校无小事，事事为育人。教师重礼节，处处作楷模。惜钱休教子，护短莫从师。富若不教子，钱谷必消亡；贵若不教子，衣冠难久长；贫若不教子，苦根叹世长。人无远虑，必有近忧。泉水挑不干，知识学不完。宝剑锋从磨砺出，梅花香自苦寒来。人非先知，孰能无惑？严父教子，义方是训。再穷不穷教育，再苦不苦孩子。万般皆有品，还是读书高。欲要后裔须积德，要振家声在读书。积德百年之气厚，读书三代雅人多。仕而优则学，学而优则仕。重教习礼以明大义，教化之道终身受用。

6. **讲礼义** 无规矩不成方圆，有曲直方为乾坤。守礼法合人群，世风正国家治。故国家治乱，系于人心之邪正。人心邪则悖礼犯法，贻害人群。人立于世，重在争人格。人格重于泰山，可舍生取义，杀身成仁。山不在高，有仙则名；水不在深，有龙则灵。千般容易学，一窍最难通。仁者见仁，智者见智。人穷志不穷。仁已高而擅权者，君恶也；身已贤而骄者，民去也；禄已厚而不知足者，实患也。为人所轻，自失仪容。苍蝇附马尾，驰虽千里，难免攀援之羞；茑萝附松柏，虽上接云霄，难免攀授之耻。故有志者，重以立身，宁风霜自持，严于操守，不为狗马亲人。天称其高，无以不覆；地称其广，无以不载；日称其明，无以不照；月称其辉，无以不及。日月经天，江河行地。物华天宝，人杰地灵。阴阳之道，一向一背；天地之道，一升一降。天无全功，地无全有，圣无全能，秀无全用。大处着眼，小处着手。人尽其才，物尽其用。海纳百川，有容乃大；壁立千仞，无欲则刚。饮酒吃饭，不可过度。茶道悟神道，酒品看人品。有钱道真语，无钱语不真。武术无假，把戏无真。莫信直中直，须防仁中仁。平地跌死马，浅水淹死人。致好礼节，迎延宾客，惟诚致意，彬彬有礼，不强人所难。万事适度，进退有余。历代族谱，守礼为先。今之处事风气所趋，虽不能尽法往古，然礼义处事，利己利仁，何乐而不为？

7. **慎交往** 人生社会，贵在交往识人。有割不断的亲、离不开的邻，相知无远近，万里尚为邻。单丝不成线，独木不成林。独脚难走，孤掌难鸣。会打三班鼓，也要几个人。可见，交往十分重要。然朋友之间，知友知德，交友则可自熏其德，此所谓益友也。苟不择其人，则惟导恶习趋下流，此所谓损友也。故交往不可不慎。知人知面不知心，交友须谨慎。害人之心不可有，防人之心不可无。交富贵之友，戒之在骄在奢；交雄杰之友，戒之在争在斗；交贾商之友，戒之在吝在啬。世上有不孝之荡子，则是万万不可接近。交友不善，足以成为危身破家的大患。益友之交，他山之石⑥，互相切磋，并励我以道义，博我以学习。与君一席话，胜读十年书。片言之损，逾于百朋之赐。故人资有良师益友也。朋友之交，以相下为益，相尚以道义，相濡以学问，同心相应，同德相成。若徒矜己之长，攻之不短，此非交友之道。切戒！朋友有通财之义，急难中扶持周济，恩同骨肉，但受之者不可无铭感之心，而与之者则不可存望报之念。若有平日不相知，忽加我以礼，此必当审度，不可轻易接受，否则恐异日有难于回答之处，诚不可不慎。旅途之友尽属新交，审其方谈，听其言观其行，察其举动，窥其好恶，方可交接。若如取予接受之际，仍须非常谨慎。凡强来亲近者必非寻常，宜稍持距离以观其趋向，但不可露故避之迹。与人交往时，不可尽倾私于闲谈中，若有变化将被执于口实。朋友失好，不可有过分言语相加，此古人有“君子交绝，不出恶声”之谓。心口皆善吉人也，心口皆非人得而防之，尚不致于为害我。惟言貌称圣贤而心肠似蛇蝎者不可不防，当慎之远之。人世间交往之要诀：律己以谦，待人以恕，接物以信，临事以义，可受用终身。

8. **务读书** 家不论贫富，子女不论智愚，首要是读书。书是举世珍宝，学是知识钥匙。有书大富贵，无事小神仙。读书能知事理，自古所谓致知、格物、正心、诚意、修身、齐家、治国、平天下者，都是与读书知理分不开的。读书须用意，一字值千金。故有读书是立业之方，既有利于己，也有利于民，还有利于国。幼年读书，须要专心一意，务必读得字字分晓。读书千遍，其意自见。读书要熟，明其义理，则为有成。学者有师，授业解惑。学贵有时，循序渐进。如切如磋，如琢如磨。对己学而不厌，对人诲而不倦。务下学而上达，勿舍近而趋远。非学无以广才，非勤无以成学。成学发愤忘食，学成乐以忘忧。学而不思则罔，思而不学则殆。博学而笃志，切问而近思。积学以储宝，酌礼以富才。读书贵神解，勿须守章句。走不完的天涯路，读不尽的世间书，要活到老学到老。书中自有黄金屋，书中自有颜如玉。书中精义，积成大器。读书养天地之正气，造古今中外之贤人。三代不读书，如同养个猪。切记要读书。

9. **善处事** 人生价值有多大，只在利国利民利天下。人生在世处事之要：功莫大于抚世建国，德莫崇于厚生利民，功莫高于戡暴治乱，业莫彰于创制修文，利莫尚于架桥修路，善莫甚于拯救放生，孝莫善于赡老抚幼，益莫重于选贤育人。故立身处事见识要远，操守要严，器量要大，谋虑要长。审时度势行之在我，不怨天、不责地、不尤人。与人以谦退让为先。言欲逊，逊则人和；行欲严，严则无悔。端重勤俭，是居身处事的良法。从政尊五美：惠而不费，劳而不怨，欲而不贪，羡而不骄，威而不猛。执政施五仁：解民倒悬，济民水火，老有所安，壮有所用，少有所怀。大任具五德：苦其心志，劳其筋骨，饿其体肤，空乏其身，行拂乱其所为。良将有五行：贵之而不骄，委之而不专，胜之而不悖，扶之而不隐，免之而不惧。智者怀五慧：谋你所不谋，事你所不事，食你所不食，容你所不容，忍你所不忍。贤者持五惕：不责人所不及，不强人所不能，不取人所不让，不苦人所不好，不护人所不忍。圣哲五不畏：不畏天命，不畏灾变，不畏无常，不畏大人，不畏奸佞之言。君子五不失：不失行于人，不失容于人，不失仪于人，不失口于人，不失信于人。庶民享五乐：助人为乐，苦中寻乐，自行其乐，天伦之乐，无欲永乐。人生处事，爱憎情仇，最伤尽的是后悔；成败得失，最遗憾的是无为。

10. **谨言行** 言不由衷，言行不一，为人所恶。道之以政，齐之以刑；道之以德，齐之以礼。官有正条，民有私约。善于用典，重于教化。爱人者人恒爱，敬人者人恒敬。立志言为信，修身行及先。敏于事慎于言，言必行行必果。物以稀为贵，人以信为高。不尽人之欢，不竭人之忠。静坐常思过，闲谈莫论是非。事当防微杜渐，切莫讳疾忌医。使气误事，使性负理。静能制动，缓能抑急。望于天必思有所为，望于人必思有所施。一言既出，驷马难追。许人一物，千金不移。人而无信，不知其可；言而无行，百事皆虚。由此，动之以诚，不言而信；镇之以静，不行而谨。自古好事多磨，事不艰险难识君子之德操。以铜为镜，可以正衣冠；以史为镜，可以明礼义。井底之蛙，不知江海之博大；屋檐燕雀，哪识天地之高远？明人之辞寡，愚人之言多。言语轻谈，话多如水，信口恣意，言多必失。差之毫厘，失之千里。故三思而行，再思可矣。视思明，听思聪，色思温，貌思恭，言思忠，事思敬，疑思问，忿思难，见思义。言行有终，守口如瓶，防意如城。

——摘自“贵州聂网”

【注释】

①马牛而襟裾：像马牛穿上人的衣服，用来形容人没有头脑和无知。

②丁兰：二十四孝人物之一。幼丧父母，未得奉养，而思念劬劳之恩，刻木为像，事之如生。

③椎牛：亦称“吃牛”，也叫还大牛愿。古时候，苗家人患重病或中年无子，认为是牛鬼作祟，需许椎牛大愿，病愈或得子后还愿，是苗族祭祀活动中最盛大、最隆重的一项还愿仪式。

④贤贤易色：对等妻子，重品德不重姿色。

⑤有德此有人：有好的德行就有人拥戴。

⑥他山之石：比喻能帮助自己改正缺点的人或意见。

涂氏家训

修身 身为家国主宰，故修身宜首。然修身只在孝悌，故百行之原在孝。尧舜之道孝悌而已。世未有不孝不悌而称能修身之吉人[①]。

齐家 庭闱[②]之内，肃若朝廷，家之不齐，教由何成？故入户间家声子孙弦诵[③]，登堂瞻乐事，兄弟友恭。兄弟翕[④]家道成，子孙严而礼义笃。

崇齿 敬老尊年三代尚矣，况宗族高寿长上，纵富贵不敢相加，行坐不宜僭越。宗庙祭祀序齿⑤，燕毛颁胙⑥，例有仪式。敢有慢乖，罚同先长不悌。

养豢 大人赤子之心⑦不失，童蒙养正⑧之功宜先。倘若幼习有乖，则气质难驯。纵其姑息嬉戏，不如就学训诲德性一端，科甲无难。

耕读 读书显荣，耕种饱暖。衣食足而礼义生，仕宦应而饥寒去，相为表里。然治生无过于耕，声名莫过于读。有志竟成，嗔毋怠弃。

婚嫁 遴婿必肖必贤，嫁女当朴当素，田舍布衣而为卿相，糟糠裙衩竟作夫人。若徒竞目前门户，竟自蹈转睫零仃⑨，满头珠翠非是久长，寒窗灯火乃致贵显。

相邻 居必择邻，智在处仁，非仅守望亲睦，抑且意气罔生⑩。故德不孤而有邻⑪，邻既和而安居。德业辅成过失规诫，倘恃意气以嚣凌，将必孑处而寂寞。

睦族 一本相敷，张氏九世尚且同居；五服同根，姜家大被独然共宿。若重富轻贫、趋贵眇贱、意气傲慢、刚强凌犯，既无敦睦之情，宜严惩戒之罚。

仗义 济困扶危乃仁人之本念，解纷排难又丈夫之殷怀，情联宗党当切同体之疾病，谊本宗枝尤要相戚于痛痒。倘能缓急相需，乃称仁慈克殚。

息讼 健讼逞刁君子所弃，公门扛帮王法尤严。小事鸣之房长听判曲直，大故陈之族正公断，是非庶免堕奸邪煽诱，抑且省官方钞钱，保家全爱。毋恣一时之忿，攘臂伤和，竟罹终身之惨。

——摘自《涂氏家谱》

【注释】

①吉人：指善良的人。

②庭闱：指父母居住处，内舍。

③弦诵：古代授《诗》、学《诗》，配弦乐而歌者为弦歌，无乐而朗读者为诵，合称“弦诵”。后即用以泛指授业、诵读之事。

④翕：和顺。

⑤序齿：按年龄大小排序。

⑥燕毛：宴饮时年长者居上位的礼节。颁胙：分赐祭肉。胙是古代祭祀用牲之肉。

⑦赤子之心：喻纯洁善良的心地。

⑧童蒙养正：对儿童进行早期启蒙教育，培养各种优秀美德。

⑨转睫：指眨眼，喻时间短促。零仃：指孤苦无依靠。

⑩意气罔生：任性的情绪变化无常。

⑪德不孤而有邻：有道德的人是不会孤单的，有志同道合的人来和他相伴。

詹氏家训十六条

训尔孝

何谓孝？敬双亲，忤逆不孝岂是人？
禽兽尚且知跪哺，人生何可不敬亲？
忤爹骂娘你作样，尔子日后依样行。
我劝儿孙念尽孝，莫等檐前水笑人。

训尔弟

何谓弟？兄当尊，骨肉同气前生定。
手足分形同根本，莫因小事记仇恨。
尔敬兄兮弟敬尔，背后子孙跟着行。
我劝儿孙尽弟道，莫歌杕杜思同姓①。

训尔忠

何谓忠？忠尽己，自欺欺人从此起。
朝臣欺君固不忠，人己一视才是理。
尔若欺人人欺尔，欺欺相传无定止。
我劝儿孙当尽忠，曾子三省要身体。

训尔信

何谓信？言不伪，假言假语人必非。

久要不忘只因信，鸡黍相约伯与卿②。
尔若不信人亦诈，相率为伪坏后人。
我劝儿孙言要信，平仲如今称人敬③。

训尔慈

何谓慈？幼当保，赤子惟知父母靠。
兄子己子同一视，长大成人自有报。
尔养小兮他养老，日后他老又有小。
我劝儿孙当慈幼，禽犊尚知小当保。

训尔让

何谓让？戒勿争，忿戾居心不可存。
分所宜得亦当让，夷齐求仁便得仁④。
尔不让人人谁怕，争竞成风何可训？
我劝儿孙要逊让，唐虞至今称圣人⑤。

训尔忍

何谓让？量要宽，纵有触怒莫生端。
为人不忍祸先召，退后一步地头宽。
尔不忍兮肚量窄，他也如我结成冤。
我劝儿孙当忍耐，张公九世犹相传⑥。

训尔廉

何谓廉？切莫贪，财利前生有定缘。
惟义是从钱不爱，利害两字总无干。
尔不要钱人必怕，子孙日后有样看。
我劝儿孙廉居心，合浦还珠只因廉⑦。

训尔勤

何谓勤？莫懈怠，懒惰偷闲必欠债。
有田有地要种作，饮食岂有鸟衔来？
起早晚睡尽辛苦，说与后人莫偷闲。
我劝儿孙勤手足，虞帝亦自历山来。

训尔馆

何谓馆？砚作田，东飘西荡业不专。

尽职专斋时训课，舌耕五经逢笔年。
授课讲解终有益，自己束身无诲焉。
我劝儿孙常处馆，设教西河仰前贤⑧。

训尔耕

何谓耕？养尔生，游手好闲饥寒来。
勤耕苦做终饱暖，国租钱粮自有剩。
尔不懒惰天不负，田生黄金医尔贫。
我劝儿孙要勤耕，廪有粟兮囊有银。

训尔读

何谓读？学圣贤，圣贤言语不等闲。
识得透彻身荣贵，纵不成名也值钱。
尔不读书愚了尔，目不识丁悔少年。
我劝儿孙勤诵读，书中黄金任尔支。

训尔庄

何谓庄？要身端，轻薄佻伛不足观。
容貌衣冠时检点，尊长之前如对官。
尔不自重人欺尔，巧令足恭成何颜？
我劝儿孙要端庄，孔圣言语真可鉴。

训尔俭

何谓俭？莫奢侈，穷奢极欲终有头。
饮食衣冠随时套，一文要作两文使。
尔不省费你纵过，日后子孙受人耻。
我劝子孙要俭约，床头金尽悔是迟。

训尔宽

何谓宽？要量宏，肚皮窄狭不能容。
是非好歹任人说，听见只作耳不通。
尔不容人疾太甚，势必招祸定有凶。
我劝儿孙量要宽，污衣问手是可宗。

训尔严

何谓严？要齐家，闺门不谨有别话。

内外男女要清洁，疏别瓜葛莫交答。
尔不正经人侮尔，出入无忌定有差。
我劝儿孙严处己，齐家治国平天下。

——摘自《詹氏祖谱》

【注释】

①杕杜：《诗经·唐风》篇名。为先秦时期唐国华夏族民歌。诗作写了一个流落街头的流浪者，这位流浪者境遇窘迫，举目无亲，亦无人问津，显得凄惨无比，让人读罢备感沉重。

②鸡黍相约伯与卿：典故出自《后汉书·独行列传》。据传，东汉明帝年间，金乡范庄（今鸡黍镇），有一个赶考的举人叫范式，途中不幸染上风寒，住进一家客店。恰巧，河南汝南县也有一个赶考的举人张劭，与范式同宿一家店里。范式在张劭的精心照料下，很快恢复了健康。范、张二人遂结拜为生死兄弟。由于耽误了考期，二人约定明年同去洛阳重考。次年，二人同去赶考，结果双双金榜题名，考进太学。两人在同游太学期间，朝夕相处，互相照顾，亲如骨肉。毕业时正值重阳佳节，二人达成一个约定：就是往后每年的重阳节这一天，兄弟二人隔期互拜尊亲，杀鸡煮黍以待。从此，范张二人重阳“鸡黍之约”，多少年都雷打不动，严格遵守，从不误约。

③平仲：名婴，字仲，谥号“平”，山东高密人。春秋时期齐国著名政治家、思想家、外交家。

④夷齐：伯夷与叔齐并称。是商末孤竹君的两个儿子。相传，其父遗命要立季子叔齐为继承人。孤竹君死后，叔齐让位给伯夷，伯夷不受，叔齐也不愿继位，先后都逃往周国。周武王伐纣，二人扣马谏阻。武王灭商后，他们耻食周粟，采薇而食，饿死于首阳山。孔子在《论语》中多次赞扬伯夷、叔齐，称其“求仁得仁”。

⑤唐虞：指唐尧、虞舜二帝。尧舜时代，皆行禅让，帝位传贤不传子。至今，都被称为圣人。

⑥张公：即张公艺。我国历史上治家有方的典范，他们家族九辈同居，合家九百人，团聚一起，和睦相处，千年以来倍受历代人民尊敬，其

百忍歌世代相传。

⑦合浦还珠：东汉时期，合浦郡盛产珍珠闻名海外，当地老百姓以采珠为生，贪官污吏趁机盘剥，使得珠民大肆捕捞，珠蚌产量越来越低，饿死不少人。汉顺帝刘保派孟尝任合浦太守，他革除弊端，不准滥捕。不到一年，合浦又盛产珍珠了。

⑧设教西河：卜子夏在西河创立学堂，鼓励学生“博学而笃志”，提出“仕而优则学，学而优则仕”，启发学生尊师重教，并且以身作则，言传身教，培养出一大批治世人才。

童氏家训

祗事父母，友爱兄弟。
刑于家室，训育子孙。
尊敬祖先，敦睦宗族。
和谐邻里，宜恤婢仆。
申饬勤俭，慎择婚嫁。
严饬闺范，力行善事。
居官明鉴，择交良箴。

——摘自连城《童氏家谱》

游乐山家训

人生天地间，只有祖宗传；
玄元开始祖，名显四方兴。
叶落九州岛，根同一处生；
人生无根蒂，飘如壁上尘。

逢溪须住址，逢水便安迁；

历代传芳裔，流传万代人。

——摘自《广平永定游氏族谱》

翁氏家规四则

一祀典 建祠设祭，古今通礼。盖祖功宗德百世不磨，则报本追远之思亦没世不忘也。木本乎根，身本乎祖，无祖则身何自而来？故祖宗虽远，祭祀不可不诚。一不诚恐不有其身，何有于祖？不但不敬不孝，孰甚焉？更与族姓约，自后遇家庙祭祀，务照昭穆次序，毋得颠倒错乱，仍蹈前辙，违者罚。

二敦睦 族裔原属一体，本当和睦，况长幼尊卑自有伦序。为子弟者，须当谨守幼仪，不相逾越，所谓礼也。有一等强梁子弟，每逞血气，刚愎自用，更不知其为尊长也。除既往不咎，与合族约，各守礼法，毋蹈前愆，即有事体不平者，投鸣保族，同到家庙从公剖析，据理解纷，终不失为和气。盖人未有不可以情服，而事未有不可以理处者也。如违事理，骄恣无忌，轻则治以家法令其自新，重则会众呈究以锄凶暴。

三范俗 我姓聚俗村居，素尚敦庞①，世业耕读，即叔季人情不古②。然俭朴一节，犹幸至今存也。近来官司申明，乡约最为严切。凡我族辈各宜钦承圣谕，将孝顺父母六句③，时时佩服，字字审究。务克勤克俭，必忠必信。毋以智诈愚，毋以强凌弱，毋计利害义，毋苟私灭公，毋纵饮以荡情性，毋导淫以玷门庭，毋执偏听以间和气，毋逞小愤以废懿亲。朝夕互相劝勉，做好人行好事，岂不成一美俗乎？如或弁髦④圣谕，朋比恃顽。此天之戮民也。约法森严，谁能私之？吾愿与族姓惩劝之。

四维风 风化之醇驳⑤关乎宗族之盛衰，非细故也。族派蕃衍，贤否不一，有等不务生理专事赌博者，风俗至此败坏甚矣！良由平日交游匪人，好行小惠，如醉如狂，大梦不觉莫与提醒，而致然耳。今与族辈约，自后如赌博事觉，罚开场者加倍。此外，如犯奸盗逆伦伤化者革。

——摘自青山《翁氏族谱》

【注释】

①敦庞：敦厚朴实。

②叔季：末世。不古：指人心奸诈、刻薄，没有古人淳厚。

③六句：即明太祖朱元璋的六谕“孝顺父母、尊敬长上、和睦乡里、教训子孙、各安生理、毋作非为”。

④弁髦［biàn máo］：鄙视。

⑤醇驳：指精纯与驳杂。

包氏积善堂族训

1. **尊谱牒** 旧俗，宗祠家庙是放谱牒置先祖牌位的地方，一进入内，高曾祖考尽在目前，怎能不严肃躬敬？我氏子孙对此应遵先人前例，不轻言不秽徂[①]祖，才是尊祖慎宗的表现。

2. **避名讳** 古礼，言及先辈的名字要回避。因我国是文明大国，礼仪之邦，所以平常称谓，都要注意检点。子孙起名道字，不能与祖父叔辈相重。要教之后辈，不可忘记这点。谱中详列名字，是叫后人知道避讳。

3. **重祭祀** 鬼犹求食，没有此事。过去重祭祀求原本，怀追远之心，是叨念前人美德而达光前裕后之目的。所以先人在春夏秋冬，按时诚慎举行。

4. **敦孝悌** 能知事的儿童，都爱其亲敬其兄，所以说孝悌是天性。如常念及身从何来，孝心就会产生；常念及兄弟之身从何来，兄弟间定然和睦。虽生气不悦，仍当孝其亲，见得兄弟与我不是两人，就是有了过错，亦会导入正路，令他幡然悔悟。

5. **宜家室** 有天地就有夫妇，伦理道德于此开始。必严正其性，相互敬爱，才能和气满门。不可尽听妇言，才能周全诸多方面，如婚配、家

风、女德是很重要的。不收妓，并维护伦理正气。愿吾族人共守之。

6. **睦宗族** 势利起于家庭，确属可鄙。人有尊卑贫富、贵贱贤愚，祖宗视之是一样的，应以祖宗之心通有无，助丧娶恤患难，规劝过失，祖宗告慰。以才智尊富骄傲于族中，是非人类。自己处于困乏境地，也不用产生嫉妒之心，应共勉励之。

7. **勤读书** 气节品行，心术学问，皆于书中取得。时常近诗书，就能陶熔气质，涵养性情，扩充知识，增长神智。要领会到前人立教的本旨，真诚地去做，其趣味自得，自己一生是受用不尽的。

8. **力耕稼** 农业是生活之源。我们是农业大国，应以农为重。我们族中，有善于或力种田者，应该多给鼓励，求诸效仿。须知世上三百六十行，农业上行也，不可视为等闲。

9. **务勤俭** 勤能补拙，俭可救贫。开源节流，很为重要。读书勤成绩好，治家勤手中富，工商勤钱财多，为官勤明礼义，都在一个勤字。不要奢侈，不要淫巧，不做害人利己之事，才能保持长久。节俭又可以不勤？

10. **急正供** 官出于民，民出于土。种国家土地，应先留足钱币，缴粮纳租，即使有他紧急也不能移用。这是良民也，是安乐之民。官吏催租，过门不入，不是很好么？我族种田之人，要牢记这点。

11. **习礼仪** 礼是道德观念和风俗习惯形成的仪节，无礼则乱，故必须习礼。尊老爱幼，恪尽孝道。后生小子，宜应对进退，能恪慎行之，使见到的人，一望而知事懂礼貌的人家。

12. **尚廉耻** 古语云："臣知耻则节立，士知耻则品立；凡人知耻，名无不立。"耻字，对于人的意义就大了。你贪位慕财，附膻逐臭，受人唾骂也不顾，正如孟子说"无羞恶之人，非人也"。

13. **崇谦让** 官高有德者，即谦恭忠厚者。能退让礼貌待人，人人敬你。今古贤人都是这样，我们更当如此。如露出一份高傲骄气，便露出鄙薄浮浅本像来。这样的人能完成伟大事业、做出成就是不可能的。

14. **戒沉湎** 酒为狂药，因甜香易喝，任性酣饮，殊不知伤害身体，有助于暴戾强梁②。小者处于不逊，大者小忿忘身殴斗枉法，多种祸害皆因酗酒而起。凡我族人，当痛戒湎③。

15. 禁赌博　赌博之戏，正人不为，害处很大。一入场中，父子兄弟不相顾，能是人么？斗殴杀伤，奸淫盗窃，身家性命有时难保。我族子弟，当早严束，慎择交友，不要为其所惑。

16. 绝淫昵　万恶淫为首，古语也。一生此心，虽有高才也是败类，终至厄运。历观古今，包应不爽。近则祸及自身，远则祸及子孙。见人妻女心术正者，算是最好的人。

17. 严比匪　人一为匪，心术险恶，行迹诡诈，语言欺骗。与之近者就要受其所染，伤德败度之事无所不为，到身败名裂的时候，后悔就晚了。为父母的要预先察绝之。

18. 遏刁奸　古语说，奸徒信其狡猾，诈谲[④]蒙蔽，斗辩为智，还以诉讼为能出入衙门，诱人蹈法使之身败财尽。遇事百忍为贵，有冤抑不得已诉之可也。不过还会费时失事，担惊受怕，吞饥忍冻，枉寻曲直，不作为好。俗云：冤死莫告状。

19. 远胥吏　胥吏小官也，易作奸犯科不可近。当受冤含屈时，更应远避。以身尝试，身受耻辱，家受惊吓。我族以诗礼传家，耕读为业，就是贫困，做点小本经济以养营身，不入公门是万幸之事。

20. 拒巫觋　语云："三姑六婆，源盗之始。"又云："媒婆进来，道髻说鞋；媒婆入门，钱财随人；师婆上座，鬼神见过。"招惹是非，莫此为甚。因为这些东西，阴柔谄媚，专以察听是非，播弄口舌，诈骗钱财而又淫滥无耻，所以严当拒绝。至于女尼道姑，衣冠不衷[⑤]，出入不雅，皆要撵去。

——摘自"包氏传统文化"

【注释】

①徂：过去，逝。

②强梁：强横凶暴。

③湎：指沉迷于酗酒。

④诈谲［zhà jué］：欺诈诡谲。

⑤不衷：不合适。

包氏家训

父子之训 父子者，天性之亲。父严母慈，自然之理也。圣人因严以教敬，因亲以教爱。爱敬备至，而子职[①]修矣。故为子者，不可不知所以事亲之道。族内有执爱敬之道以事亲者，每逢会祭之期，祠内捐资特加优奖；其有不顺而忤者，小则诮让[②]，大则责惩。

兄弟之训 兄弟者，同气之人。兄友弟恭，经常之道也。故为兄弟不可不知手足之义。族内子姓有能尽友恭之谊者，于会祭之期，族长加礼奖之；如兄不能友而弟不失其恭之道者，则训谕其兄而优奖其弟；兄能友而弟失其恭之道者，则优奖其兄而训责其弟；兄弟皆失其道者，则两戒谕之。如再不悛[③]，是用惩罚。

夫妇之训 夫妇者，人道之始。苟失夫义妇顺之理，非所以齐其家也。故《易》曰："男正位乎外，女正位乎内。"言有别也。其帏薄不修，中冓贻讥者[④]，固非人类，有国法治之，不在训内。但妇只能惟令专主中馈[⑤]，不得干外事以夺夫权而有牝鸡[⑥]之诮。族内有犯此者，宜加戒饬。

朋友之训 朋友者，五伦之一。不惟以信为本，亦须择而后交。倘不择而滥交友之，贻累为患不少。故论朋友之道，必推诚相与，无挟诈相欺，安乐与同，患难与共。若滥交而不崇信义，凶终隙末，其祸可胜言哉。凡我宗人，当服此训。

妯娌之训 妯娌者异姓之所聚，人各一心亦常情也。况妇人不谙礼仪者多，倘不能维持调护，必至争长竞短而分门割户矣。故为夫者，必严枕席之训，毋匿私偏听以致离间手足，甚且阋墙生变，皆因愚妇以为厉阶[⑦]。凡我宗人，各宜杜衅于始可也。

安分之训 凡贵贱异体，尊卑殊分，各有其职，皆当自尽[⑧]。故出仕者，必须恪恭乃职，不得贪污而辱及先人。居家而肄业者，亦当笃志攻苦，不得好事而荒其本业，并农工商贾各勤乃事，和邻睦族，国税早输。毋得喜争好讼，以败家风。

务本之训 古云：“绵世泽无如积善，大家声还是读书。”欲光前裕后，必须此二端也。故传家之道，定以耕读为本。秀者为士，朴者为农，古之道也。不然而为工为商，亦谋生之本计。但不得赌博嬉戏，败其家业；亦不得为辱身贱行之事，娼优隶卒之类，以坏吾宗风，如违者斥黜不恕。

勤俭之训 勤俭者，谋生之本计，亦人生立德之善道。惰则为失身之始，奢则为丧家之阶。是以勤苦则财生，俭约则财节，即能生财又能节用，则衣食足而殷饶可期，不亦为善有基乎？故曰：立德之善道，即为传家之至训。孔子曰：“敏则有功。”又曰：“与其奢也，宁俭。”凡我宗人敬而听之。

——摘自《包氏家训》

【注释】

①子职：儿子对父母应尽的职责。

②诮让：责问。

③不悛［bù quān］：不肯悔改。

④中冓：内室。贻讥：招致讥讽指责。

⑤中馈：指家中供膳诸事。

⑥牝鸡：母鸡，比喻专权的妇人。

⑦厉阶：祸患的来由。

⑧自尽：尽自己的本分和才力。

柯氏祖训

一孝父母　二和兄弟　三睦宗亲　四修祖坟　五务农业

六讲读书　七重婚姻　八禁吸毒　九禁非为　十正人伦

——摘自《永定虎岗柯氏族谱》

柯氏有源堂家规

家之有规，犹国之有法也。国法以约束齐民，家规以惩训子孙。教子须以诗书，戒女须以顺正。父当慈，子当孝；兄克友，弟克恭。待亲戚当有隆杀①；绾乡党当以辑睦②。治家不可不勤俭；待人不可不丰腆。与人之交也，久要不忘；征官课也，正赋蚤输。立心行己，以忠以信。作事营谋，有始有终。机械事不得妄为；闹要局不得混入。勿作梁上之君子，遗臭万年；勿作衏衏③之嫖郎，倾荡家产。闻人淑慝④，先量己以自忖反躬；当厚薄责人以远怨。唾面自干者，扩师德⑤之宽量；引车避忿者，羡相如之雅怀。勿损人以利己；勿丧善以欺天。六德六行⑥，守之不失；三惩三戒⑦，摈之无侵。各事生涯，各守本分。毋淫泆，毋赌博，毋酗酒，毋争竞，毋词讼，毋犯法，毋以强凌弱，毋以富欺贫。守家规如守国法，钦圣训如钦蓍龟⑧。斯为故家子弟，不失为当世之善人。后世子孙，慎之！戒之！违者私惩，抗者公谴。钦而勿失，固所愿也！

——摘自《柯氏家训》

【注释】

①隆杀：指尊卑、厚薄、高下。

②绾：系念。辑睦：和睦。

③衏衏［yuàn yuàn］：中国金、元时称妓女或妓院。

④淑慝：善恶。

⑤师德：娄师德的弟弟被任命为代州刺史，临行之时，娄师德问道："我是宰相，你也担任州牧，我们家太过荣宠，会招人嫉妒，应该怎样才能保全性命呢？"弟弟道："今后即使有人吐我一脸口水，我也不敢还嘴，把口水擦去就是了，绝不让你担心。"娄师德道："这恰恰是我最担心的。人家朝你脸上吐口水，是对你发怒。你把口水擦了，说明你不满，会使人家更加发怒。你应该笑着接受，让唾沫不擦自干。"

⑥六德：指知、仁、圣、义、忠、和。六行：指孝、友、睦、任、恤、姻。

⑦三愆：三种过失。孔子说："侍于君子有三愆：言未及之而言谓之躁；言及之而不言谓之隐；未见颜色而言谓之瞽。"即侍奉在君子旁边陪他说话，要注意避免犯三种过失：还没有问到你的时候就说话，这是急躁；已经问到你的时候你却不说，这叫隐瞒；不看君子的脸色而贸然说话，这是瞎子。三戒：三条戒规，出自《论语·季氏》："君子有三戒：少之时，血气未定，戒之在色；及其壮也，血气方刚，戒之在斗；及其老也，血气既衰，戒之在得。"即少年时应戒万事万物的诱惑，壮年时戒争斗，老年时戒贪图。

⑧蓍龟：比喻德高望重的人。

阮氏祖训十则

尊　祖

水有源兮树有根，先生之德配乾坤；
时严庙祀明昭穆，常指家乘示子孙。
稍富即思修俎豆[①]，至贫唯务力田园；
夙兴夜寐期无忝，余庆恒归积善门。

穆　族

万派初从一派分，儿孙饮水要思源；
家无言语和宗族，箧有资财济弟昆。
问疾庆生情必厚，周穷救患义须敦；
旗山松柏参天缘，千载难忘父母恩。

守　业

前人创业最艰辛，奕世贻谋要守成；
屋宇勤修须整洁，田租时取免纷争。
珍藏什物尘难朽，宝爱诗书蠹不生；

执玉捧盈毋废坠，宗乘千载绍芳声。

治　生

女勤蚕织士勤耕，节俭由来可养生；
惟念孝亲兼敬长，堪比礼佛与斋僧。
晨兴先扫祠前地，夜睡常防壁上灯；
淡食粗衣安素业，心无歉虑福绵臻。

教　子

功名利达草头尘，守分安常莫厌贫；
勿用邪谋坏心术，恒将豪气养精神。
都君不添嚣顽子，迁叟端为社稷臣；
古往今来忠孝者，历来都是读书人。

耦　寅

宽盖轧堂厚筑墙，廪中预积数年粮；
常从心上存忠孝，休问人间较短长。
守分自无非理辱，教儿只有读书强；
不栽荆棘栽松柏，留与云礽[②]作栋梁。

慎　守

金人缄口[③]欲何为，出好兴戎[④]系你词；
喋喋狂夫无忌惮，恂恂君子慎枢机[⑤]。
只观自己诚和伪，休论他家是与非；
忆昔南容[⑥]能慎行，殷勤三复白圭诗[⑦]。

惩　忿

有时怒气涌如山，便揭先贤忍字看；
一任狂风刮树石，毋教平地起波澜。
小人唾面情难忍，君子包荒[⑧]量要宽；
反己自修无计较，决能灾患不相干。

改　过

慎过非难改过难，应知一篑可为山；
善端动处凶皆吉，恶行除来睡即安。
常对琴书消念虑，莫教尘土上衣冠，

斩蛇驱虎人何在，留得芳名万世间。

恤　　邻

君子之居必择邻，缔交必择老成人；
囊修良剂宜医疾，仓贮陈粮即济贫。
宝带会闻裴相义，麦舟[9]夙仰范公仁；
常存善念存方便，暗室昭然有光明。

——摘自《陈留阮氏逸叟公裔族谱》

【注释】

①俎豆：古代祭祀、宴飨时盛食物用的礼器，后引申为祭祀和崇奉。

②云礽：远孙，后继者。

③金人缄口：铜人闭口不讲话，形容言辞谨慎，出自《孔子家语·观周》。

④出好兴戎：口能说好说坏。

⑤枢机：《易·系辞上》载，“言行，君子之枢机”。后因以“枢机”喻言语。

⑥南容：孔子的学生南宫括。

⑦三复白圭诗：指慎于言行。南容反复诵读“白圭之玷，尚可磨也；斯言不玷，不可为也”的诗句，意思是白玉上的污点还可以磨掉，我们言论中有毛病，就无法挽回了。这是告诫人们要谨慎自己的言语。

⑧包荒：宽容。

⑨麦舟：指范纯仁（尧夫）以一船麦子助故旧石曼卿治丧之事。

闽汀华氏族规

自宗法废，而伦纪纷；礼教亡，而人心坏。天下滔滔，皆纵其亡等[1]之欲，而为争权攘利之行。上无道揆[2]，下无法守，倾轧凌轹[3]，莫知所届。政治日以乱，风俗日以颓，靡靡中夏，将有亡国亡种之祸。于此而

思，所以补救之挽回之，其惟良教育以正人心乎。今操教育之权者，不知教育所以必要之旨，多侈言一知半解之新说，俨然以新文学家自命，对于我国之旧学术、旧道德、旧礼教，并不加考求，辄鄙夷而屏弃之。其弊也，则流于荡检逾闲④，寡廉鲜耻。社会人心败坏而不可收拾，此非尽由时势使然，抑亦教育不良所致耳。顾亭林之言曰："世之乱也，教化之权在下。"夫以在下而言教化，是当无可挽救之时，而思有一挽救之道，唯有立训条以垂为法则，使人身体而力行之，庶维风化于万一。昔颜之推悯世道衰微，作家训以示仪范。今际新旧过渡时期，我族联谱以明血统，爰仿其例，采其最为警辟之言，足以发人猛省者，为族规二十三则，以示来兹。始终孝弟，终于祀先，中于修己接人处世之要，三致意焉。俾后之人有所观感而兴起矣。

爱祖国　人皆有祖，民皆有国。祖者人之所源，国者民之所依。自古而今，祖国乃世代子民安家立业之根基所在。国强则民富，国衰则民贱，国亡则民失，所依无以为家。故古今仁人志士，皆以报效祖国为己任，或抵御外侮，或实业兴国，以贵己为群为人生宗旨，以天下为公为社会理想，前赴后继，奋斗不息，皆所以图国家之强盛，民生之富足也。爱祖国乃中华民族数千年赖以自立于世界民族之林之精神支柱。孟子云：天下之本在国。故报效祖国，乃溯源报本之至德也。

孝父母　人禀天地以成气，受父母以成形。自呱呱坠地以来，父母以养以教，至于长成不知几经辛苦。而寒暑之所侵，声色之所染，嗜欲之所剥，又惟其疾之忧。可见父母爱子之心，无所不至。《诗》曰："哀哀父母，生我劬劳；欲报之德，昊天罔极。"为之子者，当如何勉尽厥职，以图报于万一，方不愧乎子道？苟能于道德、文章、功业、气节四者，卓然一有所长，亦足以显扬其亲。然此究不足以见孝思之隐耳。舜古圣人也，贵为天子而不足以解忧，惟顺乎父母可以解忧。诚以孝之一字为百行之原，虽圣人不能非也。孟子云："不得乎亲，不可以为人；不顺乎亲，不可以为子。"其言可深长思焉。

友兄弟　《诗》曰："棠棣之华，萼不韡韡⑤；凡今之人，莫如兄弟。"盖兄弟情同骨肉，亲如手足，务须相友相爱，不妒不猜，勿听妇言而伤和气，勿存贪念而储私财。夫处家庭兄弟之间，永矢爱敬友恭之念，则阋墙之祸自消，急难之情益挚。昔卜式分弟多田[⑥]，传为盛事；姜肱与弟共被[⑦]，播为美谈。他如让梨推枣之举[⑧]，兄肥弟瘦之言[⑨]，其纪载于史册者，数见不鲜。诚以友于之情根于天性，岂今人不古若耶？顾力行何如耳。愿其勉旃[⑩]。

慎婚配　婚配为人伦之始。结婚合配当审其人品性格，究其清浊白。苟婚配不择淑女，非特为终身之害，而倾家声之不小。

和夫妇　《中庸》云："君子之道，造端乎夫妇。"诚以夫妇为人伦之始，而求道君子，欲造高深之境，必先明夫人伦。未有人伦不明，而可以致其道者。近来新潮膨胀，人伦沦胥[⑪]；平等自由之说兴，夫唱妻随之义绝，无违之训视若弁髦[⑫]，离婚之谈喧传里巷。风俗人心之败坏，一至于此。然而治化之原，始乎刑于。思享家庭之幸福，宜敦夫妇之感情。古之人鸿案相庄[⑬]，鹿车共挽[⑭]，史册流传。务宜私淑，能永谐鱼水之欢，庶可免离异之叹矣。

笃宗族　宗者尊也，族者凑也，谓恩爱相流凑也。《礼》云："尊祖故敬宗，敬宗故收族。"我同宗共族之人，支派蕃衍，里居星散，观念适形薄弱，如秦人视越人之肥瘠，不加喜戚于其心。不知物本乎天，人本乎祖。凡我同姓，虽非聚处，而溯其源流，实同一祖，顾念先祖生存之德，须尽敦宗睦族之情。若薄待乎宗族，是遗忘夫先祖也；如轻视乎宗族，是不念夫先祖也。夫数典忘祖，古人所戒。夫祖虽远，而宗族依然。能矢敦笃之心，即是报本之意。《诗》曰："蔽芾甘棠，勿翦勿伐，召伯所憩。"周人之于召公也，爱其人犹敬其所舍之树，况宗族之人，皆为其祖所自出而可以不亲爱之乎？

和乡邻　万二千五百家为乡，五家为邻。夫乡邻者，与吾人家居接近之谓也。乡邻中有尊而贤者，须礼敬之；有孤而穷者，宜哀矜之；有喜乐则为庆贺；有患难则为援恤。平常酬酢往来，当矢秩然怡然之意，以周旋乎其间。勿恃富而骄，勿恃贵而傲，勿恃众而欺寡，勿恃强而凌弱。如此则乡邻之人，见我有蔼然可亲之象，自必推心置腹，庶可收出入相友，守望相助之效焉。

慎交游　人不能离群而独立，则交际之道生焉。人群进化则交际益繁，交际繁则人品愈杂。苟徒侈谈结纳，而无审慎于其间，诚实者则鄙为

无用，狡黠者必视为有才，一旦引为知己，置腹推心，鲜有不受其害者。语曰：“与善人交，如入芝兰之室，久而不闻其香，即与之俱化矣；与恶人交，如入鲍鱼之肆，久而不闻其臭，亦与之俱化矣。”近朱者赤，近墨者黑，是以君子必慎所处焉。

重廉耻 临财无苟得，谓之廉；其己不若人，谓之耻。廉耻二字，为人生立身行己之要素。夫廉则公，公则明，而偏枯糊涂之弊绝；耻则奋，奋则勇，而暴弃自甘之念泯。近来风俗浇漓，人心不古，寡廉鲜耻之为，层见叠出，世之人亦恬然不以为怪。不知廉耻乃国之维，国维不张，亡可坐待。孔子曰：“古之矜也廉。”又曰：“行己有耻。”盖顾廉耻，即以全人格，亦以固国维，岂可轻忽乎哉？

明礼让 礼者，理之文；让者，礼之实也。圣人制礼，正所以范人心而维风俗。有礼则名分定，尊卑别，贵贱明，是非决。大而冠婚丧祭、朝庙燕享，小而日用起居、往来酬酢，皆有礼以行乎其间。然无让以将之，则仪容徒具，诚意未周。其节文度数，亦不过为约束形骸之苦，而无恭敬谦逊之情，亦何贵乎？故孔子曰：“能以礼让为国乎？何有！不能以礼让，为国，如礼何？”旨哉斯言。

讲信义 诚实之谓信，行而宜之谓义。信则人任之，义则人敬之。吾人持躬涉世，当以信义为前提。苟以欺诈施人，人必以欺诈待之；以阴险加人，人必以阴险报之。况今人群进化，智识开明，言一不信，与行一不义，必至为群众所排斥，人格扫地无余，安能立足于社会之上？孔子曰：“人而不信，不知其可。”《传》曰：“多行不义必自毙。”信义之于人，其关系亦大矣哉。

崇气节 不临难，不见忠义之气。不临财，不见志士之节。自来人才之要，必以气节为根本。孔孟之训，注意狂狷⑮。狂是气，狷是节。有气节，则根本已植。处成败利钝之交，际存亡安危之会，而本此强毅之气，与贞固之节以将之，皆不足以动其心而挠其志。夫柳下惠杀身以成其信，伯夷杀身以成其仁。斯二子者，岂不爱其身哉？为夫义之不立，名之不显，故杀身以遂其行，而气节昭然于天壤。故后之人闻风兴起，鄙夫宽而薄，夫敦顽无廉，而懦夫立。此所以为百世之师耳。气节之于人，不綦重哉！

立志向 人才高下，视乎志向。卑者安流俗庸陋之规，而日趋污下；高者慕往哲盛隆之执，而日即高明。夫志向不立，天下无可成之事。虽百工技艺，未有不本于志者。今之人游移莫定，玩岁愒时⑯而百无所成，皆由无坚卓之志耳。自来豪杰之所以异于庸众者，以有坚定之志向而已。大凡恒情每当衰败穷蹙之时，往往变更其初志，别趋向于一途。若豪杰则愈衰败愈奋励，愈穷蹙愈贞固。志不衰气不竭，故能膺艰巨而支危局，以成不朽之名。

勇改过 人孰无过，改之为贵。自视为无过，过之最大者也。蘧伯玉大贤也，惟曰欲寡其过而未能；成汤孔子大圣也，惟曰改过不吝可以无大过矣。人皆曰："人非尧舜，孰能无过?"此不过相沿之说，未足以知尧舜之心。若尧舜之心，而自以为无过，即非所以为圣人矣。其相授受之言曰："人心惟危，道心惟微，惟精惟一，允执厥中⑰。"危即过也。惟其兢兢业业，常加精一之功，是以允执厥中，而免于过。孟子曰："君子之过也，如日月之食，人皆见之；及其更也，人皆仰之。"更改之谓也。由是观之，古来圣贤君子，未尝无过。然有过而勿惮其改，吾人岂可文饰之乎?

勤务农 国以家为本，民以食为天，无农不稳。农为衣食之必资，上可以供父母，下可以养子孙，所以为生存之本。如不勤耕力作，必致荒芜田畴。凡我族人切不可偷安懒惰，以致终身饥寒。人生衣食岂从天降?全凭人力营作中来，男女勤劳，各当尽力。虽　岁所入，公私输用而外，剩余无几，而日积月累，自至身家丰裕，子孙世守，利赖无穷。一有游惰则贫乏继之。凡执艺行业俱以勤力为本，才无饥寒。

习工艺 科学昌明，工艺发达，制造品物日异月新，骎骎乎有不可思议之概。泰西诸国，以工艺为富强之本，无不锐意研究，精益求精，故工厂林立，其人习于工艺者，实繁有徒。夫工艺是良好职业，人生于世不可无职业以资事畜。既非为士为农为商，亦须为工。贫贱者习之不饥寒，富贵者习之不至好闲。自来作奸犯科，骄奢淫逸，以至破家者，非其本心之不肖，由无职业以为之，遂起为非之心耳。西哲曰："人无职业，不能生存于世。"又曰："无财非贫，无业为贫。"顾工艺一事，岂可轻视乎哉?

求实学 人不可以无学。学之为言觉也，以觉悟所不知也。夫学贵求

实际，不可徒慕虚名。孔子曰："古之学者为己，今之学者为人。"为己欲得之于己，是求实际之谓也；为人欲得之于人也，是慕虚名之谓也。天下万事万物，总要求个实用。求实之法在怀疑。疑一物斯知一物，怀疑者哲学求智之要义。苟能常以此怀疑，则于此疑团之中，自含有可以破疑之种子。非学无以致疑，非疑无以求信。古人穷经足以致用，经世服务之学，端从身心性命上研究而来。然后措之身世，则为不朽之事业；敷之词翰，则为有用之文章。盖文章事业，是一而二，二而一也。彼欺世盗名之士，曷足语此？

黜浮华 虚浮奢华之习，是人生之恶根。虚浮则少诚，奢华则无实。人无诚实，皆足以败德而丧行为。学而慕浮华，必无真学问。治家而尚浮华，必至感匮乏。持己接人而竞浮华，必有夫失信用。诚以浮华二字，所当为之罢黜者也。近来世风不古，竞尚侈靡。习浮华者，谓为趋时；敦诚实者，鄙为守旧。人心之伪诈，由是而生；社会之阴象，缘此而现；礼教之大防，因斯而溃。愿我同宗共族之人，对于一切浮薄华靡之举，屏而绝之，庶省财力而裨实际焉。

去奢侈 淫侈之费，甚至天灾。一家度支甚繁，当用固不能辞，不当用务须俭约，才有盈余。徒尚奢华，不知节缩。须知一岁之终，所入有限，所出无穷，务须谨慎。

图进取 古人云："天定胜人，人定亦可以胜天。"《周易》曰："天行健，君子以自强不息。"斯言也，是教人勿存苟安之念，而励进取之志也。夫萎靡之人，恒多习于晏安，而不思振拔，故事业终无发展。方今世界进化，物质文明，人类生活之状况日以变迁。生于斯世，无论为农为工为商为学，务须振刷精神研究其业，与时俱进，庶可以竞生存。若故步自封，守旧不变，则人已日进千里，而己则望尘不及，势必为天演所淘汰。西哲有曰："竞争为文明之母。"换而言之，竞争者即图进取之谓也。愿其勉之。

戒争讼 物不得其平则鸣，人不得其平则争。争则必求其胜利，而讼端启焉。吾人聚族而居，庐墓田园，其地恒多接壤，往往以界限之糊涂，言词之冲突，相与交争者，数见不鲜。交争不已，则提起诉讼，藉法律以解决，甚至缠讼经年，费精神耗财力，案未终结而产已荡然。徒伤兄弟之和，并贻乡邻之笑，良可慨也。讼则终凶，古有明训。吾同宗共族之人，或因田地之侵占，资财之分拆，语言之触犯，事故之猜嫌，须请宗族父老理处，自必得其公平。幸勿各逞意见，相与争讼，则庶乎家盟永笃，而族谊久敦矣。

守法律 西哲有言曰："法律者，所以保公众之幸福，防公众之利害。"又曰："法律无终日之间可离者也。"人之文野，与法律之有无为差异。国家设立法律，以保护人民生命财产为主体，以惩治犯罪为客观，人当遵而守之，庶不失国家设立之本意。其行为有妨害他人之业务，其言语有损坏他人名誉，皆为法律所不许。举凡一言一行，务须审慎于其间。苟凭一己之意志，所行不循正轨，出言有涉招摇，实干犯夫刑章，不能宽恕。小则足以累身，大则足以辱亲。孔子曰："君子怀刑，小人怀惠。"其意宜深思焉。

禁赌博 家风之坠，邪淫者十恶之有，赌博者倾家之源。赌博害人深，家产既尽，借贷无门，非劫夺以为生，即偷窃以乞活。故好赌实盗贼，即好赌这归宿。即令不为盗贼，饥寒交迫，滋事生非，常违国法。族中有产者，务重惩其窝家，则歪风自止。

禁吸毒 毒品之流毒中国也，深矣！大则有害生命，倾家荡产；小则丧失工作，有害生存。如不禁戒，不但前人被其害，而后人亦遭其毒。凡我族人切不可贩毒吸毒，以害人害己。

诚祭祀 语云："祖宗虽远，祭祀不可不诚。"吾人之身，实由祖宗所自出。而祖功宗德，将何以追报之？惟有设庙宇以妥先灵，隆祀事以申孝思。非有诚敬之情以行其间，则酒醴牲仪亦为徒具。祖宗未必来享。《中庸》有言曰："斋明盛服，以承祭祀，洋洋乎如在其上，如在其左右。"又曰："至诚而不动者，未之有也。"夫诚之一字，可以动天地而格鬼神。况乃祖乃宗，血脉相延。当祭祀之时，纵幽明各异，本此恳诚至意，未有不尝格者。

——**摘自"华氏论坛"**

【注释】

①亡等：谓无视礼法、等级制度。

②道揆：准则；法度。

③倾轧：排挤打击。凌轹：欺压、排挤。

④荡检逾闲：荡、逾，指超越。检、闲，指规矩、法度，形容行为放荡，不守礼法。

⑤棠棣之华，萼不韡韡：棠梨树上花朵朵，花萼灼灼放光华。指兄弟间深厚的情谊。华，花；萼，花托；韡韡，鲜明茂盛的样子。在《诗·小雅·鹿鸣之什》中，"棠棣"是一个文学意象，被赋予"兄弟情义"的意义。

⑥卜式：西汉时期官员。自幼家境贫寒，以种田和畜牧为生。父母双亡，家中只有个幼小的弟弟，等到弟弟成人后，卜式把田地房屋财产都给了弟弟，自己只带走畜羊一百多只，进山放牧。过了十多年，他的羊达到一千多只，又自己买了田地房屋。而他弟弟由于只是玩乐而坐吃山空，家产耗尽，于是卜式又屡次把家产分给弟弟，受到邻里的称赞。

⑦姜肱：与二弟仲海、季江，俱以孝行着闻。其友爱天至，常共卧起。后遂以"姜肱被""姜被"指姜肱兄弟同被而寝，亦谓亲如兄弟，咏兄弟友爱。

⑧让梨推枣：小儿推让食物的典故，比喻兄弟友爱。南北朝时期，王泰幼年时，祖母给他们分枣子和栗子，他不去参与争抢，而是等他们拿完后自己再吃剩下的。汉朝时期的孔融，4岁时，他与兄弟分梨吃，他从不挑大梨吃，而是把大梨让给大人们吃，家人都夸他很懂事。

⑨兄肥弟瘦：汉朝末年，饥民遍野，人饿得吃人。有一次，赵孝的弟弟赵礼被盗贼捉住，即将被吃。赵孝绑起自己去见盗贼，说赵礼饿得太瘦，不如自己肥胖能够让你们多吃一点。盗贼深感惊奇，便把他们兄弟二人都放了。后以此比喻兄弟相爱，临难争死。

⑩勉旃：努力。多于劝勉时用之。旃，语气助词，之焉的合意字。

⑪沦胥：泛指沦陷、沦丧。

⑫弁髦：古代贵族子弟行加冠礼时用弁束住头发，礼成后把弁弃去不用，后喻没用的东西。

⑬鸿案相庄：表示夫妻和好相敬。

⑭鹿车共挽：旧时称赞夫妻同心，安贫乐道。

⑮狂狷：洁身自好。

⑯玩岁愒时：贪图安逸，旷废时日。

⑰允执厥中：指言行不偏不倚，符合中正之道。

上杭华氏家训

1. **祭祖尽孝** 人之祖犹树根、水之源，根固则枝繁，源远则流长，此乃必然之理也。为子孙者，皆当终身不忘祖功宗德，清明之际时祭莫缺，以慰先祖在天之灵。凡我族人，当以祭祖敬宗为荣，以弃祖忘宗为耻。人最高之品行乃为孝道，百善孝为先。是以能祭祖者，定能立身；会尽孝者，定能有为。凡我族人，当祭祖尽孝心。新建宗祠，聚华氏力，凝族人心，自建成之后，凡清明、冬至，无论居家或外来族人，均应先于宗祠内叩拜列祖列宗，再上山行祭祀之俗；凡春节、端午、中秋大节，或有外地族人返乡，均应先于宗祠内祭拜列祖列宗，再回家聚合餐饮。

2. **尊长爱幼** 生我者父母，继我者子孙。子孙繁衍，上溯祖宗，下传子孙，乃一脉相承。凡我族人，当上尊长者。父母乃吾身之本，其养育之恩如天地，父母召应趋前承命。下抚子孙，创造优良教育之环境，此乃父母应尽之义务。为子孙者当胸怀大志，刻苦攻读，提高素质，增强实力，报答父母，造福人民，报效祖国。如是子孙传承，绵远昌盛也。

3. **敬贤重才** “三人行，必有我师焉”。贤人学之渊博，为人之师德高望重；才者学有特长，益于社会。举贤人乃我国自古以来用人之道。贤人有德有能正品也；有德无才者庸品也；无德无才者废品也。敬贤尊才乃崇文明、祛愚昧之举，当倡之学之兴之。我族人，应拜贤人为师，取才人所长，力争德才双馨，成就事业，光宗耀祖。

4. **守法立德** 国有法，族有训，家有规，皆为端品正行之本。古人云：“宁可穷而有志，不可富而失节。”倡“吾日三省吾身”。吾族后裔，务以国法为重，以族训、家规为基，严为遵守，牢固树立守法观念。从思想上做到忠、孝、仁、义；从行动上做到尊、敬、省、悟。为知法、守

法、用法、遵德之负责公民。否则，族训不允，国法不容。

5. **明荣知耻**　人贵自知，贵在明辨是非曲直，分辨真善美、假恶丑；不以假为真，不以恶为善，不以丑为美。坚持真理，反对缪论，弘扬正气，抵制邪恶。我族人，应明荣知耻，知耻而后勇，坦坦荡荡做事，清清白做人；不染不正之风，不取不义之财，不为不法之事；仰天无愧于天，俯地无愧于地，正气浩然天地间，心底坦荡天地宽。

6. **以人为本**　人乃万物之灵。《管子·霸言》："夫霸王之所始也，以人为本。"水能载舟，亦能覆舟。它以人之价值为本，倡之为人民服务，亦指以人为根本之依靠力量，重用人、依人。一切之发展为了人、依靠人、适应人、体现人，让人共享发展之成果。人乃物质、精神财富之享有者。我族人该珍惜生命，关爱健康，善待他人，共享财富。

7. **和谐共处**　家和万事兴，人和事业成。家庭成员之间要相互体谅、关心、爱护，建立和谐温馨、文明幸福之家。善邻里，增进团结；睦宗亲，戮力同心；友同事，修得同渡；联异姓，构建和谐；融美境，亲近自然。滴水之恩，涌泉相报。待人有礼有节，豁达大度，友好永存。我族人，务必真诚待人，热情帮人，温馨暖人，宽容仁人，宏广纳物。

8. **持续发展**　社会在发展，时代在进步，展望未来。我族人，宜用心谋事，勇于担事，善于干事；直面现实，与时俱进，开拓创新，外塑形象，内升素质，自强不息，树立"全面、协调、可持续发展"的科学发展观，发扬我华氏之光大，振兴我华氏之伟业。如是，我华氏宗族定能树大根深，枝繁叶茂，英才辈出，千秋辉煌，万载兴隆。

——摘自上杭《华氏族谱》

饶氏祖训十则

一则孝悌宜敦　孔子云："孝悌为仁之本。"孟子云："人人亲其亲，长其长，而天下来。"可知，孝悌为人生之首务。为子者，当思有以服劳奉养，尤必体其心志，万一遭人伦之变，亦必善全乎骨肉，毋伤乃父之心。至弟有伯兄，尊曰家长，则当推事亲以事长，使如手如足，敬爱弥周。庶处则为孝子悌弟，出则为一代伟人。各宜凛遵，毋违是训。

二则宗族宜睦 范文正公之言曰："宗族于吾固有亲疏，自祖宗视之，则均是子孙。能以祖宗之念为念，自知宗族之宜睦也。"乃有不肖者流，或以意见偶乖，顿失宗亲之义，甚至小练细故①，藉端泄恨，恃其强横，诬善良为奸盗，群起而倾其家。如此浇风②，殊堪痛恨。吾族中倘遇此等人儿，合族自当共斥，或约族中正直绅耆③，送官究治，以儆强暴。庶不失雍睦之宜焉。

三则乡党宜和 窃念此间相接，缓急可恃。家有贫富，概接之以温厚；邻有强弱，皆处之以谦冲。谈言可以解纷，施德不必望报。倘睚眦小忿④，狎昵缴嫌⑤，一或不诫凌，竟以起因而互相械斗，屈辱公庭，甚至报复相寻，靡有底止，大非安生业长子孙之计也。尔其鉴诸。

四则职业宜专 凡士农工商，各有正业。当思各勤其业，毋得游手好闲，惰其四肢。否则背业而驰，势必入于邪避赌博奸盗，败家破产无所不至。甚至流于下贱，甘为差役，恬不知羞。如斯人者，有玷门庭辱祖先，为吾族中所宜共恶也。宜慎之！懔之！

五则子弟宜课 古者八岁入小学，至十五岁各因其材而归于四民。秀异者入大学而为仕，教之德行。愚谓子弟之成败，关一家之盛衰。人之爱子，尚有力者务宜延请有品有学之士，隆其礼意，使之当教为孝、悌、忠、信。所读须经孔孟，明父子、君臣、大妇、昆弟、朋友之节次；读史知历代兴衰、治平措置之方。至科举之业，志在登科发甲，所谓求在外者得之有命是也。

六则名分宜正 凡上下、尊卑、长幼、贵贱，各有定分，《语》云："名不正则言不顺，言不顺则事不成。"可知分所关，断不容苟。吾族中有继嗣者，例宜立贤立爱，而昭穆务求其合称呼，方不混淆。万一得异姓之子，养为子嗣，谱内刊刻一子字，以广推恩之义，是亦为宗族中立权变⑥之方也。

七则伦纪宜肃 男正位乎外，女正位乎内，男女有别，礼之大经。倘有不顾廉耻、悖理乱伦者，此名教之罪人，族中所不容也。通族查实抹名黜族，永不许载入谱内。事关名节皂白，务必分明。如有挟嫌而凭空架

影⑦，使他人蒙不白之冤，犯诬罔之罪，律有明条，合族亦所共斥。不肖者知所惩戒矣。

八则争讼宜息 太平百姓不登讼庭，便是天堂世界。盖讼事有害无利，要盘缠，要奔走，若造机关又坏心术。虽万不得已，只宜从直告诉，又要早知回头，不可终讼。切不可听讼师、棍堂教唆，财被人得，祸自己当。省之！省之！

九则窝匪宜诫 《周易》曰："比之匪人，不亦伤乎？⑧"晏子曰："君子居必择邻。"所以避患也。可知奸猾浮荡之徒，为非作歹之人，断不宜利其财物窝藏，以干国宪。吾辈不交游手无藉之徒，不做行险侥幸之事。如此，则井里安然，鸡犬无惊，不亦善乎？

十则邪巫宜禁 夫禁止师巫，律有明条。一切左道惑众诸辈，宜勿令至门。至于妇女识见庸浅，更喜媚神徼福，其惑于邪巫也。尤其自风俗日偷⑨，斋婆、卖婆、跳卜、女相、女戏等穿门入户，人不知禁以致哄诱费财，甚有犯奸盗者，为害不小。各家须宜预防，杜其往来，以免后悔。

——摘自武东陈埔《饶氏族谱》

【注释】

①细故：细小而不值得计较的事。

②浇风：浮薄的社会风气。

③绅耆：旧指地方上的绅士或有声望的人。

④睚眦小忿：极小的摩擦就怒瞪眼睛。

⑤狎昵缴嫌：亲近交往导致被仇怨搅扰。

⑥权变：灵活应付随时变化的情况。

⑦挟嫌：指心怀怨恨。架影：捏造事实陷害他人。

⑧比之匪人，不亦伤乎：与盗匪结交，怎能不受到伤害呢？

⑨风俗日偷：指世风日见苟且敷衍，形容一种不良的社会氛围。

古氏家训

尊　祖

物本乎天，人本乎祖；勿忘祖德，源远流长。

事　亲

养育之德，涌泉相报；念恩图报，家兴业旺。

和　兄

手足情深，和气生财；有求必应，互尊互敬。

睦　族

喜则同庆，忧则共担；尊老爱幼，互帮互助。

教　子

知书识礼，成就学业；慎择益友，勤俭孝廉。

禁　戒

五毒勿沾，安分守己；戒除恶习，益家利己。

守　廉

忠诚孝顺，光宗耀祖；廉洁奉公，弘扬家风。

——摘自《古氏宗谱》

池氏家规十条

一孝悌，以肃家风。

二崇祀，以敦孝行。

三睦邻，以友同处。

四耕读，以务本图。

五赈济，以恤贫困。

六婚嫁，以选良家。
七勤俭，以守祖业。
八礼让，以戒争端。
九养性，以泯私欲。
十谨信，以慎枢机。

——摘自《池氏家谱》

邬氏家训

君之所贵者仁也；士之所贵者忠也；父之所贵者严也；母之所贵者慈也；子之所贵者孝也；兄之所贵者友也；弟之所贵者恭也；夫之所贵者和也；妇之所贵者柔也；事师长贵乎礼也；交朋友贵乎信也。

见老者敬之，见幼者爱之；有德者年虽下于我，我必尊之；不肖者年虽高于我，我必远之。

慎勿议人之短，切莫矜己之长；仇者以义解之，怨者以直报之，随所遇而安之。

人有小过，宽容而忍之；人有大过，以理而谕之。勿以善小而不为，勿以恶小而为之。人有恶则掩之，人有善则扬之。

处世无私仇，治家无私法。勿损人而利己，无妒贤而嫉能；勿称忿而报横逆，勿非礼以害物命。

见不义之财勿取，遇合理之事则从。科学不可不学，礼义不可不知；子孙不可不教，下士不可不恤；斯文不可不敬，患难不可不扶。

守我之分者礼也；知足常乐者寿也。人能如是，天必相之。此乃日用常行之道，衣裳之于身体，饮食之于口腹，不可一日无也，可不慎哉？

——摘自《中华邬氏族谱》

简氏祖训

行孝悌　居家孝悌为先，以孝悌倡行，斯为美族。盖正学之本，由圣之阶也。

存忠厚　人能忠厚，乃集福而兴。立心须从坦易，幸毋计较阴行险恶，且勿轻易言语，伤失人情，以积烈祸。《易》曰：“乱之所生也，则言语以为阶。”又曰：“括囊，无咎。”[①]可不念哉？

贵朴实　己身朴实，为子孙则效规模。凡饮食、衣服、器物、宫室，不可求事虚文，丰华过度，以开丧败之源。

勉勤俭　勤所以生财，俭所以节财，两者治家之要道也。此与放利而行，以财取多怨者，大不同。

严族法　族人亲厚，如有患难，相救相恤。然或倚强凌弱，谄富欺贫，恃力行凶，自犯法纪。宗子族长，宜直攻之，处以典刑，幸毋疏纵可也。

戒酒色　好酒易以败德，好色易以惑志。好酒则废时失事，乃家业弗保；好色则伤财损命，或荡散家产，妻子流离。此由始之不慎，是致终之迷而罔反也。

察刻薄　续妇、侍妾，性多忮刻[②]，兼以异性骨肉。其待夫之父母、子女，最难保其不薄也。间如亲生之子，尚且爱此憎彼，为亲子所不堪，况非己出者乎？为人父者，宜精察而善处之。庶不忘结发之恩、天伦之乐也。

端闺门　立德慎行，女子禔躬[③]之准绳。未字[④]则为淑女，相夫则为令妻[⑤]，教子则为慈母。女子入世之美名也。若乃[⑥]帷薄不修，长舌为厉，紧惟女德未娴，毋亦观刑之或缺欤！齐家者，其以身先之。

正立嗣　凡立嗣以嫡，古今定论。若无嫡可立，则立爱立贤，不乱昭穆，亦为世所共许。惟不可抱养异姓，脾气不相感，是阳有继，而阴实无也。《春秋传》曰：“神不歆[⑦]非类，民不祀非族。”可不慎欤？修谱者，慎毋徇私误录，以招幽明之怨。

谨称谓 礼明称谓，亦以厚风俗也。时来风俗，多不知同族之亲，谄富欺贫。于族之富者，则以兄弟叔侄称之；于族之贫者，则不以兄弟叔侄称之，与呼路人无异。今后族人称谓，俱当从礼，外人闻之亦知其为同族人也。

尚念忍 惟含忍则庶几保家保族。《书》曰："必有忍也，若能有济也。"今而后凡我族人，或遇宗族乡党横逆之加，且宜含忍有容，待其回自修省。况恐已有自取之道，只宜三自反之，幸毋悻悻成争。古人为官尚曰唾面自干⑧，颜子亚圣尚曰犯而不校⑨。且恶人逆天，久必报应。何必费吾财力与之相斗相角，而或致讼伤财者耶？讼之一事，其不得已而应之。

防赌博 从来赌博败家之媒，世有九赌十败，弃家业如一洗，不念先祖父兄创造之艰，不顾妻子饥寒之苦，甚则为盗为丐所不免也。今宜防之。

——摘自"简氏宗亲会网"

【注释】

①括囊，无咎：指谨言慎行，才不会发生过错。括囊，指束紧口袋，引申为闭口不语；咎，过失、灾祸。

②忮刻：褊狭刻薄。

③禔躬：安身，修身。

④未字：女子尚未许配。

⑤令妻：德行美善的妻子。

⑥若乃：至于。

⑦歆［xīn］：飨，祭祀时神灵享受祭品。

⑧唾面自干：别人往自己脸上吐唾沫，不擦掉而让它自干。形容受了侮辱，极度容忍，不加反抗。

⑨犯而不校：受到别人的触犯或无礼也不计较。

蓝氏家规十九条

1. 正家之道，必先于正己。
2. 孝悌为百行之源，正家者最先之急务也。
3. 礼仪者，所以维持人心，主张世道①。
4. 名分者，纲常伦理之所以悠系人心者也。
5. 妇人者，服于人者也。
6. 童仆者，近之不逊，远之则怨；庄以莅之，慈以畜之。
7. 教养，人生之所必须。
8. 盗贼为宗族之害。
9. 奸情大乖伦理。
10. 冠者成人之道，他日之事必由此始。
11. 婚姻者，上承祖宗，下启子孙。须正当门户。
12. 丧礼，人子大事。
13. 祭祀，报本追远之道。
14. 山林树木，物各有主，不得混砍。
15. 田园原系各家生业，耕种艰辛。
16. 坟墓各有定主。
17. 钱粮重件，务宜年清年款，勉为良民。
18. 宾客来往，交际之常。
19. 蒸尝，祭扫之所系也。

——摘自《中华蓝氏总谱》

【注释】

①世道：社会道德风尚。

练氏家训十条

1. **尊敬宗祖** 春秋祭祀，尽物尽诚；祖茔祖庙，尽力经营。悖此训者不敬，不敬有罚。

2. **孝顺父母** 视膳问安，必恭敬；愉色婉容，慎终如始。悖此训者不孝，不孝有罚。

3. **友爱兄弟** 孔怀之情，如手与足；劳则同分，财不私蓄。悖此训者不友，不友有罚。

4. **慈恤孤幼** 惠爱之恩，视如子女；婚姻死丧，不吝施与。悖此训者不慈，不慈有罚。

5. **宜我家人** 阖民有章，内外有纪；孝敬翁姑，和谐妯娌。悖此训者不宜，不宜有罚。

6. **睦我族人** 敬老尊贤，有恩无怨；吉凶庆吊，礼意缱绻①。悖此训者不宜，不宜有罚。

7. **表正子孙** 朴耕秀读，诲尔谆谆；斗殴赌博，玷祖辱宗。悖此训者不正，不正有罚。

8. **忠顺事上** 钱粮早纳，斯为良民；凛遵法令，所以保身。悖此训者不忠，不忠有罚。

9. **诚信待友** 同声同应，然若不欺；切勿交匪，丧德丧义。悖此训者不信，不信有罚。

10. **视我三族** 外族姻党，五伦攸属；休戚相关，奈何荼毒②？悖此训者无亲，不亲有罚。

以上训词，祠人伦日用之常，实根本节目之大，非特订顽而贬愚也③，即贤智子孙，文章华国，尤当恪遵训词以束身，就于无过也，岂必有罚而始遵哉？

——摘自《广东兴宁元龙公联谱》

【注释】

①缱绻：牢结，不懈怠。

②荼毒：残害。

③订顽：指订正愚顽。

官氏家训

敬祖睦族，事亲敬长；友悌和邻，崇文尚武。

重义厚礼，爱惜廉耻；耕读勿废，交游必慎。

慈善待人，嫖赌勿沾；忌食邪利，谦和兴让。

奸诈莫为，争讼远离；祀修祠墓，勤俭持家。

——摘自“家训文化网”

巫氏家规

家之有规，犹国之有法。然国法治于未事，家规禁于既事，所系为尤急也。我族户口日蕃，防微杜渐，不可不慎。用立规条若干，事不嫌于琐屑，语无取乎艰深，凡以求其易知易从，俾贤愚皆有所率循尔。

父　子　父子之亲，天性也。父无有不慈，特患子之有不孝。孝亦不必苛求也，惟善体乎父母之心。如父母望子成名，即当奋志诗书，以图上进；父母望子耕田，即当勤力稼穑，以求温饱；父母望子学工商，即当尽力经营以专　业。又如父母畏子疾病，即当节制嗜欲以保身体；父母畏子贫穷，即当爱惜钱财以成室家；父母畏子多事，即当和平血气以求免祸。如是虽不得为大孝，亦可以稍慰亲心，而不致获罪。若有忤逆不孝，或以家贫而懈供养；或以亲老而生憎嫌；或以督率而萌怒心；或以使令而生怨语；或以妻子之爱而疏定省；或以货财之私而忘本原。甚敢于父母之前，

而显然干犯者。若斯之类，万剐犹轻。族房长即当鸣之于官，颁法重究。

兄　弟　兄弟，手足也。人虽至愚，未有使手与手相残，足与足相残者，以其属在一体，知为痛痒故也。而不知兄弟之与兄弟，其痛痒莫不有如是者。夫兄弟本一父母所生，自形迹视之，则兄一人，弟一人。自父母视之，则一体也。以兄弟残害兄弟，则是分父母之血肉，而交相残害也，于心安乎？且无论其残害也，或因微嫌小隙芥蒂胸中，即如手足间偶生疥癞之疾，返之于身必有坐卧不安者矣！是故兄当知友于之谊，弟尤当念天显之伦。如有同室参商，日相阋墙，不祥莫大。族房长处此，宜先详察颠末①，若事可稍恕，或以理论之，以情晓之，使其归于和睦可也。如不获已，送官究治，不可姑贷。

夫　妇　夫妇，道之造端也。不得戾情，亦不得溺情，而责则专归于夫男。何谓戾情？妇人见理未明，往往狃于一己之偏，而不知自反。惟为夫者，躬先倡率，事事导之以正，其或有小不是处，不妨宽为包容，默俟自化。若任一时血气，偶不如意，便恶言诟詈②，必恩谊疏隔，夫妻反目，所由来矣！何谓溺情？夫情闺房静好之地，易于狎昵，不节以礼心将陷入于淫。其在子女贤淑者，可无他虑。若为阴险之妇，一意奉承，百般献媚。为丈夫者，渐且入其彀中③。始则渔其色，继则信其言，终且显予以权。主持家政，干预外事。甚且离间骨肉，招尤朋友。一念溺情，遂至于此。可不畏哉？有室家之责者，尚其思之。

朋　友　朋友有信，固也。而要必以择交为先。人日近于老成端谨之人，则吾有不好处，必直言告诫，受益自多。且不贪我钱，不要我吃，变故患难事事可倚。是与善人交，为天下第一件大便宜处！若日近匪人，不惟坏我心术，损我品行。其设心处虑，无非谋吾所有，诱之声色，饵之以酒肉，势不至于破钞败家而不肯已。是与不善人交，为天下第一件大吃亏处！故曰择交为先也。人能择交，而后可以无失信于朋友。

戒　酒　酒固可以合欢，而亦最足丧德。旷观古来嗜酒之徒，或因此而偾事；或因此而致疾；或因此而破家者，种种召灾不可胜道。且无论召灾也，即幸无事而终日酊酩，笑语癫狂，成何事体？故量可饮五分，只可饮二三分；量可饮十分，只可饮六七分。总之，酒非养人之物。自冠婚祭祀外，不可多饮，亦不可常饮。愿我辈其慎之。

戒　色　色者，人之所共爱也。然人知色之所可爱，而不知之可畏。姑勿论乱人伦常，紊人宗祀，冥冥中之有报应也。惑于色聪明蔽，而足以丧志；牵于色钱钞破，而足以丧家；困于色精神耗，而足以丧身。且恶有贯盈之日，一旦泄露，或为人捕获，而献丑乡邻者有之，构讼公堂者有之，登时殒命者有之。人亦何苦贪此一刻快活，而招此莫解之祸耶？凡我子姓，各宜猛省。不特他人妻女不可有苟且也，即自己夫妇之间亦当相敬如宾，毋涉于淫。如有贪图非礼之色，甚且有关服制者，族房长即当鸣之于官，颁法究治。

戒　财　财为养命之源。然不爱财者，非好人。而过于爱财者，亦非好人。盖我爱财，未必他人之不爱财。因我之爱财，而遂夺他人共爱之财，人能忍乎？人不能忍，势必怀恨于心，将悖而出，吾能长保此财乎？即吾之及身幸保此财，而显招人怨，隐于神怒，其家必有横祸。或出不肖子孙而败家荡产，前人之所得者不偿后人之所失，庸有济乎？总之，财有定分。分内之财不可不爱；分外之财不如勿爱也。

戒　气　今日开口，动曰争气。争之云者，如见人大富，自己即当勤俭，而与人争为富；见人大贵，自己即当发愤，而与人争为贵；见人为君子，自已即当敦品立行，而与人争为君子。如此，则气不大伸乎？本无所争，而有似乎争之也。若任一己之暴性，小有不合便忿戾难忍。以本身之言，则为怒气伤肝，必生疾病。以他人当之，君子则大度包荒，视如牛犬之不足较；小人则力相等势相均，必致两下争而大祸起矣！圣人云：“一朝之忿，亡其身以及其亲。”即此之谓。然则，人可不平气哉？

戒奢华　凡人处世只犯得一个奢字，足以破家，更足以折福。何也？天地生财，原以供人之正用，非以供人之浮靡。苟不知节，一年之费，致耗数年之费；一人之用，致耗数人之用。毋论其为中下户也，即号称素封④，亦立见其空匮矣！且不止于空匮也，暴殄天物，鬼神厌弃。又其人奢侈过度，嗜欲必多亏，或病或夭，而福亦折尽矣！是故《尚书》有“克俭于家，俭非啬鄙”之谓。惟量入以为出，不过于丰，亦不过于啬。治家之道，于此得矣！

戒游荡　人无论贫富，必有专业。自不致长其佚志，萌其邪心，而家可长保矣！业不一业，须视其人之资力以为定。聪明子弟，使之就学，上

矣！若果悟性有限，亦当改图，切不可虚慕读书之名，致今年纪长大，筋力疲弱，百无可成，所误亦不浅也。须知人生天地间，断无废材。为农为商为工艺，各就一业，皆足以成家室，求饱暖，特在人之能自立志耳！苟使游手好闲，虚度日月，此即国家之游民，天地之弃物也。愿我辈共勉之。

戒争讼 争讼之端，费钱费业费心肠，居家所切戒也。戒之之道有二：其上者，横逆之来，如孟子之三个必自反⑤，不可及矣；其次，则当退一步思量，又进一步思量。彼如一事也，人来欺我便要心上打算一番，先要算着输，不要算着胜。非理之不可胜也，理即胜矣。而差役需索，门房讹诈，费几钱钞来受几多委曲来。与其忍辱于公堂而其费大，曷若忍气于乡党而其费小。所谓退一步者此也。至于进一步工夫，彼无理而敢于欺人者必属凶徒。苟与之角，我输则固受其辱，我胜则亦结其仇，是不如让之为吉也。我愈让而彼愈横，我不杀他，必为人杀。是虽以奸雄之术处世，而亦戒讼之一道。

禁盗贼 盗贼之治，国有常刑，不必赘矣。而所以防盗贼于未然者，则专在父兄之责其始，不可失于姑息。孺子无知，偶尔戏弄，匿人小物，父兄视为寻常而不之惩，日久手猾，遂成惯盗，此一弊也。其继，不可失于隐忍。盗贼之名人所羞称，父兄救全体面，明知子弟为非不肯声张，是讳盗适所以诲盗，一弊也。其尤甚者，不可好小便宜。父母行事，子弟奉为楷模，苟使贪谋小利，明知盗贼贱卖收买，家人习见，日与盗亲，出尔反尔，异日必出盗子孙，此又一弊也。除此三弊，而又有弭外盗之法在。盖贼必有窝，同里同室之人，必先知之。业已知之，不妨先以婉言开导，如不见听，然后合众力而驱逐之。否则搜获盗贼，送诸官而惩究之。此防盗之大端也。本姓族众人繁，不可不虑。万一有此，族房长必严加处治，勿稍延纵。

禁吸毒 毒品之害有三，而荒工废事，犹其后焉者矣。吸毒之人，多不生子，即生子而亦多不育，绝祖宗之祀，一害也；毒品价格昂贵，过于纹银，食者必费钱钞，足以破家，二害也；食久必有瘾，考之医书瘾为暗疾，即如腹生症瘕之症，足以丧命，三害也。现今国家禁吸毒品，甚为森严。有犯此者，族房长速行戒止。如不率教，鸣之于官可也。

禁邪教 邪教之所以惑人者，莫不诈言得有异书，或托符咒以治疾病，或托师巫以治鬼神，或托吃斋而拜佛念经，或托结义而聚盟拜会。其实皆借为掩饰官府之谋，以为蛊惑人心计也。愚民无知，误认为真。其初，尚未知其害也，及一入其术中，拜师投帖，彼得有所挟以制我，拒之则引其徒党以攻我，亲之则引其徒党以狎我。欲钱则不得不与之用；欲食则不得不与之餐，将家由此破矣。家既破而养生无门，因亦学其术以传徒。我传徒而徒复传徒，匪党日多，渐生歹心。国家法令森严，岂能容此？势必杀身灭家而无可逃。吾辈于目所见耳所闻，若白莲教、八卦教、义和拳、哥老会、天弟会、千刀会，无不骈首就戮，一无漏网。往事历历，可为昭鉴。族房长更事已多，其于此等邪术，须详为讲明，俾子弟知所惩戒。万一有不率教者，送官究治，不得暂宽。

谨祭祀 祭祀，礼之大经也。人之祭祖先者，徒以酒醴香帛，奉行故事，无济也。盖祭以报本，古人制礼始为饮食者祭之，始为宫室衣服者祭之，示不忘所自也，况我为一本相传。如无祖宗，此身从何而来？与言及此有不知，其诚敬之心何由生也？祭祀之礼，期前二三日，必须斋戒沐浴，素具祭仪；及期整肃衣冠，齐集祠内，分尊卑长幼，随班行礼。若有陨越失仪，跛倚以临者，当即逐出，不许分胙。

笃宗族 宗族，一本也。虽千百世以下，皆一祖宗所生，而况于五服之亲乎？自古兴发之家，太和一堂，尊长在前，凡卑幼辈隅坐侍立，无敢少越。斯何如气象也！若小家子则不然，叔侄斗殴，兄弟纷争。此等人家，销亡立见。若斯之类，族房长即当鸣之于官，颁法征究。

谨闺门 闺门为帝王起化之地，一有不谨则长舌阶之厉。冶容诲淫，防闲不可以不早也。防闲无他，操井臼⑥，勤纺绩，即当无事。但令静处闺阃，不得招呼婢媳们，笑语戏谑。尤当分别男女，非特外人不与交谈，即弟侄辈，亦不可聚处偶语，此闺范之大概也。至于寺观之地。演戏之场，尤当绝迹。若有犯此，除归咎夫男外，仍将该妇唤至宗祠，聚伯叔父母等，质诸祖宗之灵，公众惩戒。

举族正 一姓之中有族长、有房长，而尤重有族正。族房长，多属尊辈年高之人，不能任事。惟于各房之中，不拘年齿，公举正直谦明之人，奉为族正。凡同姓有是非口角事，投明族房长外，请族正判断。小事则以

家法处治，大事则诉官究办。其理屈之家，固不得妄行怨怼，族正亦不得徇情。

护祖尝　祖尝组织凡二：一有祖手拨成；一有后裔集成。皆所以崇祀祖宗，纪念祖德，血食奕业，以维亲善一脉之义也。倘无尝业，祭扫无由，则其祖之葬所，其人之何传，莫不茫然。甚至坟茔失考，被人占去，其他更无论矣！所以古今尝厚之家，除春秋崇祭祖先外，如兴办学校作育人才，或助贫苦子侄远方求学，及逢荒年酌量赈济。诸凡善举，几皆借尝业之挹注⑦，有以成之者也。由此推之，尝业关系存殁之大，不其重乎？是故，为人子孙须如何爱护之，方不失为贤肖之裔。勿以私害公，致起纷争；勿以尊欺卑，把持独揽。务使一本至公，永作存殁之善举。倘有不肖，只顾一己之私，攘夺佽犯者。族房长、族正，宜鸣之于官，严惩不贷。

——摘自宁化县翠江镇《巫氏祖裔公房谱》

【注释】

①颠末：始末。

②诟詈［gòu lì］：辱骂，责骂。

③彀中：指箭能射到的范围之内，比喻他人进入所设的圈套之中或自己的掌握之中。

④素封：指无官爵封邑而富比封君的人。

⑤孟子之三个必自反：君子受到他人横逆必先自省，自己对他人是否不仁、无礼、不忠。

⑥井臼：汲水与舂米，泛指操持家务。

⑦挹注：把液体从一个容器中舀出，倒入另一个容器。引申为，以有余来弥补不足。

谌氏祖训

上智不教而成，下愚虽教无益，中才之人不教不知也。古者圣王有胎教之法：怀子三月，出居别宫；目不邪视，耳不妄听；音声滋味，以礼节[①]之。书之玉版，藏诸金柜。子生孩提，师保[②]固明，仁孝礼之导习之矣。凡庶固难画一，当及婴稚识人颜色、知人喜怒，便加教诲，使为则为，使止则止。比及数岁，可省笞罚。父母威严而有慈，则子女畏惧而生孝矣！吾见溺爱者流，不惟不勤约束，其于日用饮食恣其所欲。宜诫翻奖，应呵反笑。迨到骄慢成习，制之不能，挞之不改，忿怒日生而增怨。逮于长成，终为败德。孔子云："少成若天性，习惯如自然。"是也。俗谚曰："教妇初来，教儿婴孩。"诚哉斯语。凡人不能教子女者，亦非欲陷其罪恶，但重于呵怒伤其颜色，不忍楚挞惨其肌肤耳。当以疾病为喻，安得不用汤药针艾救之？父子之严，不可以狎；骨肉之爱，不可以简。简则慈孝不接，狎则怠慢日生。由命士以上父子异宫，此不狎之道也。抑搔痒痛，悬衾箧枕[③]，此不简之教也。人之爱子，罕有能均。自古及今，此弊多矣！贤俊者自可赏爱，顽鲁者亦当矜怜。有偏宠者，虽欲以厚之，正所以祸之也。

兄弟者，分形连气之人也。方其幼也，父母左提右挈，前襟后裾。食则同案，衣则传服，学则连业，游则共方。虽有悖乱之人，不能不相容也。及其壮也，各妻其妻，各子其子，虽有笃厚之人，不能不少衰也。娣姒[④]之比，兄弟则疏薄矣。今使疏薄之人而节量亲厚之恩，犹方底圆盖，必不合矣。唯兄友弟恭不为傍人之所移者免夫。

凡庸之性，丈夫多宠继娶之嗣，后妻必虐前妻之子。非唯妇人怀嫉妒之情，丈夫有沉惑之僻，亦有事势使之然也。继妻之嗣年幼于前妻之子，提携鞠养，积习生爱，故宠之。前妻之子每居己生之上，宦学[⑤]婚嫁，莫不为防焉，故虐之。幼子宠则兄弟被怨；继母虐则你子成仇。家有此者，须当委屈调停，毋使后人起衅也。妇人之性，率宠子婿而虐儿媳。宠婿则兄弟之怨生焉；虐妇则姊妹之谗行焉[⑥]。然则，女之行留皆得罪于其家者，母实为之至。有谚云："落索阿姑飧。[⑦]"此其相报也。家之常弊，可不诫哉？借人典籍皆须爱护，少有缺坏就为补治，此亦士大夫百行之一也。济阳江禄读书未竟，虽有急速必待卷束整齐，然后得起，故无损败，人不厌其求假焉。或有狼籍几案，分散部帙，多为幼童、婢妾之所，点汗、风雨、犬鼠之所毁伤，实为累实。吾每读圣人之书，未尝不肃敬之。

其故纸有五经词义及贤达姓名，不敢秽用也。

贤才出，国将昌；子孙才，族将大。家国皆然也。祖宗富贵自读书中来，子孙享富贵则贱诗书矣！家业自勤俭中来，子孙得业则忘勤俭矣！此所以多衰门也。又贵而忘贱，灾自骄生，迷而不返，祸因惑起。贵骄败之端，富奢衰之始也。甚靳⑧必大贵，过怯必多亡，失乎中道也。

夫人，上则有君亲，下则有朋友妻子。苟能以爱妻子之心事亲，则无往不孝；以保富贵之心事君，则无往不忠；以责人之心责己，则寡过；以恕己之心恕人，则全交。夫人，孝于亲则子孝，钦于人则众钦；和则可以接物，公则可以驭下人。有詈人而人不答者，必有所容也，不可以为人畏我而辱之。为之不已，人或起而我应，恐口噤而不能出言矣！人有讼人而人不校者，必有所处也，不可以为人畏我而更求以攻之。为之不已，人或出而我辩，恐理亏不能逃罪矣！言而无益，不若勿言；为而勿益，不若勿为。知此可不失已矣！同居之人往来，须扬声曳履使人知之。不可伏幽暗处以伺人言，此生事之端也！凡有僻静不可辄议，议人恐人有闻之者。俗谓隔墙有耳是也。人家不和，多因妇女以言激其夫及同辈。盖妇人见不广远，心不公平，舅姑、伯叔、妯娌非自然天属，故轻于割恩⑨，易于修怨⑩。非丈夫有远识则为其役而不自觉，一家之中乖变生矣！

妇人易生言语者，多出于婢妾。婢妾以他人之短言于主母，若妇女有见能一切勿听，则妄言不敢复进。若听信从而爱之，则必再言之，使主母遂与人成仇，而婢妾方且得志。奴隶亦多如此，主翁切勿听信。

人之有子者使有业。贫贱有业则不至于饥寒；富贵有业则不至于非为。为人父者宜预为之谋。兄弟叔侄同居，长者总持大纲，幼者分干细务。长必幼谋，幼必长助。各尽公心则自然无事。

亲戚故旧有所假贷，不若随力给之。借则我望其还，不免有所索。索频则彼反曰："我欲偿之，以其频索则已之。"方其不索，终结怨而后已。盖贫人假贷，初无欲偿之意，纵其欲偿则将何偿？不若念其贫，随吾力以与之，则我无责偿之念，彼亦无怨于我。即所谓因财成怨矣！人之姑姨、姊妹及亲戚妇人，年老而子孙不肖不能供养者，不可不收养。然又恐其身故之后，其不肖子孙妄经官司，称其人因饥寒而死，或称其有遗下囊箧之物。官中受词，必被追证所扰。须于生前白之于众，质之于官，称身外无余物方可。

遗嘱之文，皆为身后之虑，须公平乃可保家。如郄悍妻黠妾，因后妻爱子中有偏曲，或妄立嗣，或妄逐子，不近人情，皆兴讼破家之端。人有婢妾不禁出入，至于外人私通有妊，不正其罪而遽逐去者，往往有于翁身故之后，言是主翁遗腹子而求归宗，旋致兴讼。乡俗宜谨此。买婢妾不可不细询其所自来，恐有良人子女为人所诱。若果然则告之官，切不可还与引来之人，恐有自残。佃仆妇女等，于人家妇女、小儿，诱谑莫令家长知，而欲重息以生钱谷者，皆有心于脱骗，必无还意。而妇女、小儿不令家长知则不敢取索，终为所负。为家长者，宜常以此言喻之。有轻于举债者不可借，必是无籍之人，已怀负赖之意。凡借人钱谷少则易偿，多以易负。故借多者，虽力可还亦不肯还，宁以所还之资为讼费者多矣！人之敢于举债者，必谓他日宽余可以偿也。不知今之无，他日何为而有？无远识之人求目前宽余而挪借，在后者无有不破家者也。凡有产必有赋税，须先留输纳之费，却将余剩分给日用。所入或微，只得省用。毋临时偿息，以致耗家。

太柔则靡，太刚则折，太慈则人欺，太察则人疑，太和同则亵，太凌厉则人忌。惟内而精明，外而浑厚，审时度势，揆理知几，是谓君子。静以修身，俭以养德；非淡泊无以明志，非宁静无以致远。夫学须静也，才须学也。非学无以广才，非静无以成学。慆慢则不能研精，险躁则不能理性。年与时驰，遂成枯落，将复何及？人心何所不至，事亦何不可为。然有命以制之，有理以范之，有法以惧之，更有冥报以惕之。凡人举心动意，常如谒神之时，何患不善？若恶念一起，当于萌芽中决绝。不容他二念相续。心静则神在太虚，何寥廓也？心杂则神在泥涂，则何逼窄也？太虚则暇逸而清；泥涂则张皇而浊。岂惟魂梦之间迥然沉殊？天堂地狱即判于此。此心若正，无不是福；此心若邪，无不是祸。世俗不晓，只将目前富贵为福，目前患难为祸。不知富贵之人，若其心邪，其事恶，正人视之无异圄圄粪秽中也。患难之人，其心若正，其事若善，仰不愧俯不怍，即在贫贱忧苦中亦是福德。

洒落是保心第一法；谦退是保身第一法；安详是处事第一法；含忍是处人第一法。

天以和风霁月，不惟人有喜色，鸟雀亦有好音。地以广衍平畴，不惟车马安行，禾麦自然畅茂。人心亦然，和气致祥，乖气致异。可见迎休迓福之道，只在平恕二字。

祸莫大于纵己之欲；恶莫大于言人之非。故有一言而干天地之和，一事而折生平之福者，不可不时加检点。

言语到快意时便截然忍住得；气到发扬时便翕然收敛得；嗜欲到沸腾时便豁然消化得。非天下之大勇不能。荣华富贵，天与我的；淡泊贬损，我对天的。贫贱困危，天与我的；守正修节，我对天的。我尽我心，天有天理。

世事如梦，人谁不知。但见暖热又立脚不定矣！自古热处人不小，故君子处境，宁风霜自挟，勿鱼鸟亲人。

福善祸淫，断断不爽。然有恶而眼前反昌者，盖天纵其恶待满而戮也。至于积德而反多缺陷者，必生平有无心之失，败德害人而不自知。否则天有心以厚之，欲坚其心、试其退转与否，望其积累更深耳。晏安受享者乐而志惛，瘁忧摄者苦而慧生。故人处顺境，悠忽误事不小，惟逆则艰难险阻中陶炼出极坚的骨力，不朽的事业。是以豪杰处此，便看作天心仁爱，不肯当面错过。止是无志之人，便觉逆境为苦。

人生六七十年间，始终富足者无几，或先贫后富，或先富后贫。大抵自贫而富，渐入佳境；自富而贫，无非恶况。与其晚而流落，不如早年艰苦。后生小子，少居贫贱，正为福也。今人疾痛，大段是傲象之不仁，丹朱不肖[11]，皆只一傲便结果一生，做个极恶大罪的人。要除病根，须谦字为对症之药，即圣如尧舜。只是谦到至诚处，便是允恭克让。

世路风波，翻复莫测，惟有让字妙。让则争者息忿者平，而祸释矣！

事不可太算，太算则造物忌而不成；料事不可太中，太中则轻忽起而变生。

忍字众妙之门，不但避祸，实进德大功也。凡不如意之事及横逆之来，正是困心衡虑自反内省之地。只认自己不是客，气自然坦平，讨了多少便益。彼无学问任性情者，自受郁怒之苦，招尤取怨又不待言。故云：“每事只自反，一贴清凉散。”处家庭间更宜知此。若清俭之外又加一忍，何事不办？天地至仁，尚有怨憾；神明至尊，尚有玩亵。况人在世，安能见亮訾嘲倨侮[12]？势不能无，惟坦怀任之，未可愤懑牢骚以撄吾心。

获罪于君子，其愧深；获罪于小人，其忧大。故凡待小人不得不结以恩，不可拒之太峻，恐患之加己也。若因其有隙于我，苦苦必报，则累结冤家，终无了期。倘非有关系之人，则惟不较耳，绝交耳，不碍君子之道。

怒甚偏伤气，思多大损神。神疲心血竭，气弱病屙萦。勿使悲欢极，当令饮食匀。再三防夜醉，第一戒晨嗔[13]。

闲居慎。勿说无妨才说，无妨便有妨。爽口味多终作疾，快心事过必为殃。争先路径机关恶，近厚语言滋味长。与其病后思良药，不如病前能自防。

圣人亦是退一步法。《易经》一书，每到盛满，辄思悔吝[14]。日中则昃，月盈则食[15]。天道原自如此。有才不可用尽；有势不可使尽；有福不可享尽。所谓“存有余以还造化，留一步以长子孙。”

酒者所以养老也，否则宾朋聚会藉以合欢耳，非如饥食渴饮万不可缺者。佛氏恶其迷性，圣人目为狂药。其为害也，柔弱之人饮之而暴；恬静之人饮之而躁；简默之人饮之而哗。事家密者酒泄之；事宜急者酒懈之；事宜记者酒忘之；有忿气者酒佐之；斗有情念者酒益之狂。可不慎欤？至日间饮酒尤宜切戒，不但废时失事，恐有应酬观者不雅。即使令呼遣童仆，亦且退有后言[16]，况他人乎？若二更以后又不宜饮，以其耗神酿祸也。

色欲最易迷人，然须权自我操。不然玉山横倒，奄奄一息，悔之晚矣！语云：“伤生之事非一，而好色者必死；败国之事不一，而好战者必亡。”至于邪淫则折福夭寿，殃留子孙。一念之差，万劫莫赎。诸书所载显报，昭然可畏哉！人生数十年，少与老去其半。疾病忧伤与夫伏腊游、宴戚友，绸缪之日又去其半。时光瞬息，所余几何？而不行好事不做好人，真真辜负一世。若复白日醉梦，红粉缠绵戕汝家，人坏人品，更可悲也。

凡为家长，必谨守礼法以御子弟及家众，分职受事责其成功。制财用之节，量入为出。给衣食以及吉凶之费，裁冗滥禁奢华，当存盈余以备不虞之患。

至乐莫如读书，至要莫如教子。读书期荣，其小者也。欲使明礼义，变化气质，免终身作痴钝汉耳。教子有五：导其性，广其志，养其才，鼓其气，攻其病。缺一不可。

——摘自《谌氏文史选集（第一卷）》

【注释】

①节：约束。

②师保：犹教养。

③抑搔痒痛，悬衾箧枕，此不简之教也：当晚辈的替长辈抓搔，收拾卧具，这就是讲究礼节的道理。

④娣姒：古代同夫诸妾互称，年长的为姒，年幼的为娣。

⑤宦学：学习仕宦所需的各种知识。

⑥谗行：谗言随之而至。

⑦落索阿姑飡：指家庭矛盾多因婆婆偏心而起，后果也要由婆婆自己来承担。

⑧甚靳：非常吝惜。

⑨割恩：舍弃恩德。

⑩修怨：报宿怨。

⑪象：舜帝的弟弟，为人狂傲自私又贪心。丹朱，尧帝长子，为人荒淫无度。

⑫亮訾：显示厌恶。倨侮：傲慢。

⑬嗔：生气。

⑭悔吝：灾祸。

⑮昃：日西斜。食，同“蚀”，亏损。意思是：太阳升到了中午就开始西斜，月亮满盈后就开始亏损。用来比喻事物盛极则衰，物极必反。

⑯退有后言：当面顺从答应，背后进行非议。

谌氏家训

1. **爱国爱家** 中华民族大国家，炎黄子孙都爱她。一国虽是万家聚，自古有国才有家。为人生平不爱家，漂浮浪荡走天涯。奉劝族人要爱家，保家卫国人人夸。

2. **孝敬父母** 父母之基不可易视，循规蹈矩才是真孝。子女本是父母生，父母养育才成人。人生在世要孝顺，敬老爱幼佑子孙。子必孝亲，弟必敬兄；幼必顺长，卑必承尊。处族以和敬为先，处乡党以忠厚为本。凡我族人尚共勉之。

3. **端正品德** 务必堂堂正正作人，勤勤恳恳做事。不以强凌弱，不以众暴寡，不以富欺贫，不以尊欺卑，不以少凌长，不作伪以弄忠厚，不事诡谲以坏公正。

4. **敬亲爱亲** 亲固当敬，爱而能敬。亲爱者，不敢恶于人；敬亲者，不敢慢于人。

5. **团结友爱** 弟兄姐妹同手足，妯娌好似姐妹情；弟兄姐妹扯内经，自残手足伤人心。邻里好比鱼和水，鱼水互依情意深。

6. **夫妻和睦** 家道正直从夫妻开始。对上祭祀祖先，对下赡养父母，还要养育子女。只有夫妻和而后家庭兴。家庭中要男女平等，夫爱妻敬，互相帮助，力求上进。

7. **子弟力学** 勤业苦读求上进，好学知识展才能；若是糊涂混光阴，不学无术误一生。家庭或家族每年闲暇会族斯文，考其优劣，优者奖之，劣者勉之。

8. **和睦族邻** 一笔写个谌字，天下谌氏一家亲。 族之中固有大家小家、富家贫家，有远有近、有亲有疏。祖宗视之，均亲子孙，并无亲疏也，一视同仁，等同相待。

9. **和睦邻里** 邻里乡亲，如同骨肉，出入相友，守望相助，疾病相扶。尊卑长幼无相越，富贵贫穷也共群。勿以小嫌害大，勿以富贵欺

孤贫。

10. **谨慎交友** 择友不可不重视饮宴谈笑，交际应酬要重道义。必患难相助，扶危济困，心心相印。做人不与坏人交友，不与好人结怨。

11. **遵纪守法** 法律是代表国家意志，维护社会制度保证执行的行为规则。它是专政的工具，是巩固和发展国家的社会关系和社会秩序。因此，我族人等，人有脸树有皮，自尊自爱洁自身；遵纪守法是根本，品行端正莫乱为。

12. **正大光明** 光明正大人人敬，留得清白教后人；偷抢扒窃与欺骗，众人诛之不留情；洞察世俗勿争吵，不在人前留骂名。族传家训是个宝，教育子女不能少；奉劝亲族都遵守，利国利族利自身。

13. **提倡节俭** 艰苦创业，以勤俭治身，勤俭治家，勤俭修身，俭朴清廉。

14. **戒骄戒躁** 骄奢生淫逸，淫逸遭祸患。满招损，谦受益。骄傲使人落后，谦虚使人进步。培养浩然之气，一定要警戒急躁。

15. **严禁赌博** 古人有言：十赌九诈。

16. **严守社会公德** 遵守社会秩序，爱护清洁卫生，注意身体健康。警诫争讼。

以上各条，我谌氏宗族众多子孙，恪诚遵守，不能荒怠。

——摘自泱溪《谌氏家谱》

雷氏族训

华夏望族，列有雷门；姓自黄妃，树茂根深；文韬武略，星河映辉；
名医雷公，黄帝大臣；东汉雷义，情逾胶漆；晋代雷焕，遥知剑气；
金代雷渊，贪官除尽；忠播睢阳，唐代万春；南宋三益，英烈一门；
学精易理，元代德润；清朝履泰，票号始汇；当代雷锋，万民称许；
祖系雷裔，当感幸甚；宋代德骧，弹劾奸相；忍屈含冤，黜贬流放；
长子有邻，击鼓奏章；追封太师，立碑合阳；二子有终，少府少监；

盐铁副使，裁制私贩；有伦有庆，解池帮办；雷家坡村，始建家园。先祖海庭，幼丧双亲；离乡背井，颠沛迁徙；张耿落户，数辈木艺；春雷声响，改天换地。吾辈苦读，杏坛为师；时逢盛世，家道康殷；丙戌仲夏，新屋告竣；珙璧迎面，宅院生辉。规诫后侪，谨镌此训；纵观青史，方正立身；幼须勤学，莫负光阴；勤能补拙，瘦土出金；磨穿铁砚，唯诵负薪；书读万卷，蟾宫折桂；辈出精英，报国为民；仕则清廉，民则贤德；蓄积蕴养，乐道安贫；温良恭俭，礼义诚信；博爱众生，常施善德；务实正业，友睦乡邻；陋俗不染，守法遵规；身心清正，刚直为人；学松高洁，效梅精神。父母生养，恩如海深；尊老爱幼，和谐温馨；团结友爱，家和为贵；光前裕后，宝慈昭德；忠厚传家，光我雷门。企吾后辈，谨从此训；立身处世，铭刻于心。

——摘自宁化《雷氏家谱》

阙氏家规十条

1. **完国课** 要得安先了官。据律而论，国课拖欠过年，无论何项功名，俱议斥革。凡为百姓者，即不能立功报效，而国课早完亦先公后私之义。我族人等切莫抗廷，违者勿恕。

2. **诚祭祀** 世人烧香拜佛，在家预先吃斋，归后始敢开荤，一有不诚恐招罪。祭外神如是，未闻有祭先祖如是者。于其所薄者厚，而其所厚者薄，何以报本追远乎？春秋二祭，宜斋戒沐浴，以世俗祭外神之心祭之，则祭祖如祖在。断不可短衣曳履，笑语喧哗，徒希酒食，毫无孝敬之心。我族人等切莫放肆，违者勿恕。

3. **孝父母** 父母爱子无所不至。天下有不孝父母之人，鲜有不爱子者；天下即多孝父母之人，鲜有如父母爱子之切者。父母爱子之心，为子时尚不及觉直，待为人父母，将心比心，我如何爱子，始晓得父母如何爱我。试想自己为人父母，总愿子孝我。若不孝，焉有孝子。不如先自尽孝，使他照样而行。我孝父母，子又孝我，一举两得，何乐不为？我族人

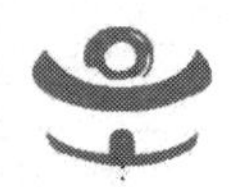

等切莫忤逆，违者勿恕。

4. **友兄弟** 兄弟同生于父母，父母之爱如一。兄弟和，亲心安；不和，亲心安乎？兄弟生子，子又生兄弟，教子无不教他和气。然口教不如身教，总要自家兄弟和气，留与儿孙作样看。我族人等切莫乖舛，违者不恕。

5. **饬妇道** 立德慎言，安分守己，终身受用不尽。有一等悍妇，不孝舅姑，不敬丈夫，遇事垢蚤，稍为驾驭，不说舅姑恶了，便说丈夫嫌他，赌死拼命，多至自毙。抛头露面，谁不唾骂？凡为女家有此等恶习，当自尊约束，必不至轻生枉死。我族人等切莫效尤，犯者不恕。

6. **谨婚姻** 男有室，女有家；始而结发，终而齐眉。夫妇之常即有大变，夫亡再嫁，妇亡再娶，各听自便。但有兄亡收嫂，弟亡收娣者，男逐女嫁，产业归公。我族人等切莫乱伦，违者勿恕。

7. **端士习** 祖宗积累，原是培植后人。在读书者，总要务实学、正心术、敦品行。处为孝子，出为忠臣，方为不负前人培植。至于族邻一切是非，万不可把持唆耸，变直为曲，变曲为直。劝人终有益，唆事两头空。我族人等切莫生事，违者勿恕。

8. **勤正业** 士农工商，各执一业，俱可成家。苟不士、不农、不工、不商，游手好闲，身无着落，随风倒舵，狐群狗党，或赌或盗或奸或拐或开烟馆，种种恶习自祸祸人。我族人等切莫游惰，违者勿恕。

9. **睦乡邻** 远亲不如近邻。邻人和睦，遇事关顾，最为便宜。凡事只有千里人情，哪有千里威风？我能以礼待人，人必以礼待我。即或逆来，只可顺受，忍耐再三，彼自化服。不然你不让他，他岂皆让你？冤宜解不宜结。我族人等切莫积怨，违者勿恕。

10. **息争讼** 官断十条路，九条人不知。世上好讼者，不是明人是痴汉。为口舌争，顺他几句；为财产争，让他几分。由此类推，何讼之有？朱子云：居家戒争讼，则终凶。我族人等切莫争胜，违者勿恕。

——摘自《阙氏族谱》

后　　记

中华民族，都是黄帝子孙。由于受封地点不同或其他原因而分居异地且年代久远，因此有风俗习惯之不同，语言口音之差异。然而家庭观念是人的本性，在中国传统文化中占有重要的地位。在家国同构的格局下，家是小国，国是大家；家族是家庭的扩大，国家则是家族的扩大和延伸。古代圣贤提倡“修身、齐家、治国、平天下”的治家治国理念，反映出“家”与“国”之间的同质联系。家庭伦理是中国传统文化的核心组成部分，家族或家庭规约集中体现了中国传统伦理与文化，在中国历史上对个人的修身齐家和国家的安定，发挥着重要的作用。

客家是汉民族的一条支系，闽西是客家人的重要聚居地和分散地，永定区则是其中的一个重要纯客家县份。2004 年 12 月，永定对区域内的姓氏进行普查，统计显示全县有客家姓氏 125 个。客家人常说“林子大了，什么鸟都有”。客家人的祖先，面对日益繁盛的宗族，为了宗族的荣辱兴衰，维持必要的法制制度，就拟定一些行为规范来约束家族中人，使之成为于家于国有用的人。2017 年永定区委、区政府为了传承和发扬客家优秀传统文化，在土楼旅游景区的庆成楼设立“客家家训馆”，并如期对外开放，参观的人络绎不绝。来自全国各地不同姓氏的游人对此深表赞赏，并希望能珍藏本姓的祖训、家训、家规等规约，以教育启迪家族后人。为此特编辑本书，以实现他们的美好愿望。

入编本书的百家姓规约排列，依 2017 年新编《百家姓》排名为序。大部分来自于永定区图书馆收藏的姓氏族谱，有些来自不同姓氏的宗亲网、百度网及其他传播媒体。在成书之际，对他们付出的辛勤劳作深表谢忱。

在编辑本书过程中，编者遵循“古为今用”和“与时俱进”的原则，尽量入编与时代精神吻合的规约，并对有些难以理解的词语进行注释，以帮助读者更好地理解文义。由于大部分规约订立于民国以前，有些规约在

内容上或多或少夹杂着封建时代的思想残余，或宣扬“宿命论”“因果报应”学说，或推崇“三从四德”信条等。对此，本书对涉及的个别字词作小小的改动，其余照原文辑录，以保持规约内容的完整性。希望读者在传承传统文化过程中，从“取其精华，去其糟粕”的角度出发，去伪存真加以取舍运用，真正让家族规约的正能量发挥出来，这是编辑本书的初衷所在。

由于编者的水平有限，加之可资史料不足，且有些族谱修订的年代久远，出现污损或缺字现象，各姓在重修本姓族谱辑录训条规约过程中，难免有字句之误，以致本书或多或少存在疏漏之处，谨请广大读者和社会各界人士予以修正。

编　者

2018 年 3 月 25 日

图书在版编目(CIP)数据

客家家训 / 卢济鸿，陈大富主编. —厦门 ：鹭江出版社，2018.6
ISBN 978-7-5459-1512-9

Ⅰ.①客… Ⅱ.①卢… ②陈… Ⅲ.①客家人—家庭道德—中国 Ⅳ.①B823.1

中国版本图书馆 CIP 数据核字(2018)第 111394 号

KEJIA JIAXUN

客家家训

卢济鸿　陈大富　主编

出版发行：海峡出版发行集团
鹭　江　出　版　社

地　　址：厦门市湖明路 22 号　　**邮政编码**：361004

印　　刷：福建新华印刷有限责任公司

地　　址：福州市福新中路 42 号　　**联系电话**：0591-83661214

开　　本：700mm×1000mm　1/16

印　　张：12.75

字　　数：196 千字

版　　次：2018 年 6 月第 1 版　　2018 年 6 月第 1 次印刷

书　　号：ISBN 978-7-5459-1512-9

定　　价：29.00 元

如发现印装质量问题，请寄承印厂调换。